快速把產品變現金的最強行銷!

日本ADK創意總監 中澤良直／著　胡汶廷／譯

如何在 FB、 YouTube、IG 做出

爆紅影片

—— 會用手機就會做!

日本廣告大獎得主教你
從企劃、製作到網路宣傳的最強攻略

前言

全民網紅的年代，
你也可以做出萬人按讚的影片！

這本書要教你用手邊的智慧型手機，輕鬆做出一支影片，來達到宣傳行銷的目的。再說得簡單明瞭一點，就是藉由「宣傳」來提高自家商品的品牌認知度。不管你是正在摸索行銷對策的創業者，或是不熟悉影片操作的公司主管，在看過本書之後，不但能夠了解如何企劃出一則內容精彩的廣告，也能學會如何用智慧型手機製作出吸引人觀看的影片。

影片製作的環境，早已經進入簡單到令人驚訝的狀態。現在，廣告是可以自己做的時代，不管是從未想過要為自己公司做廣告影片的人，或是一直以來都投資大量時間或金錢請廣告公司幫忙製作廣告的人，現在都可以把這筆經費省下來，改為「自己製作影片」。

我在廣告代理公司任職已經將近30年，截至目前為止參與過無數電視廣告的製作；網路崛起之後，也開始從事製作網路影片，因此我對於製作影片「化繁為簡」的速度，最能感同身受。例如，2009年時，我接到為夏威夷檀香山馬拉松製作影片的工作，光是在採訪跑者的快報影片中，就必須由5位工作人員擔任攝影師，回到檀香山的辦公室後，還要趕快打開電腦進行剪輯。當時的網路環境不夠好，光是上傳到YouTube就是一項大工程，常常要花上一整天。和當時的狀況相比，現在這個時代變得便利多了，只要有一支智慧型手機，一個人就能完成拍攝、剪輯、上傳，快速製作出讓公司或店家業績上升的廣告影片。

現在開始，不論你是「需要提升品牌知名度的創業者」，或是「尋找有效行銷方法的企業員工」，都能使用更低的預算，來製作行銷效果更好的廣告影片。就算不是資源豐富的大企業，也能將你有價值且獨特的商品或服務，精準傳達給你想訴求的對象，製作出讓人有「共鳴」的宣傳影片。

本書中所傳授的製作影片技巧，不論是拍攝、剪輯、加入特效，都只需要使用一支智慧型手機，不需要其他專業工具。首先，請先試著對鏡頭拍一

段自我介紹。如果你本來的公司網頁或個人網站就有問候語，只要對著智慧型手機照唸就好。就是這麼簡單，一支廣告影片就完成了。

你是不是疑惑，「這樣的內容，真的有人會看嗎？」不用想太多，就算你花了大把時間和金錢，做出了十分完美的影片，但用手機觀看影片的觀眾，並不會想看那樣的東西。請記住，手機影片最重要的是「內容力」，對方希望看到的，是你真正想傳達給對方的「情報」，並且一定要「淺顯易懂」。製作網路上的影片，重點不是要非常完美，而是在你想宣傳的時機，有效率地推出好幾支影片，這樣才會有效果。

但是，想要達到這個目的，的確需要一些「共鳴力」和「技巧力」。所謂「共鳴力」，是指用真心話來說故事，將心中所潛藏的訊息傳達出來，才會觸動觀眾的心。例如，馬拉松跑者在跑完全程後所說的第一句話，可能會成為敘述大會魅力的最佳宣傳。具體的執行方法，將會在本書中詳細解說。

這本書會教你如何製作一支有效果的影片，從訂定企畫開始，到影片的剪輯、網路媒體的宣傳手法、資料分析和運用，甚至是針對各種網路社群特性來優化影片的訣竅，都會詳細解說。正因為我們身處在不管是誰都能簡單製作出影片的時代，更要將目標鎖定在YouTube與其他社群網站，讓觀眾有興趣觀看並且吸收影片內容，才能加強品牌形象與提升業績。

作者　中澤 良直

Contents | 目錄

> Chapter 2

廣告影片的創意，
就像在談戀愛一樣！

> Chapter **3**
各大社群平台的廣告影片企劃方式 ··· 047

> Chapter 4
廣告影片的拍攝方法 ································ 085

> Chapter **7**

讓廣告影片曝光度更高的方法 ····· ₁₆₉

> Chapter 8

如何改善影片的宣傳效果 ⋯⋯⋯⋯⋯ 247

1

> Chapter

任何人都可以
用手機做出
在網路上爆紅的影片

製作廣告影片,早已不是大企業的專利。使用人手一支的智慧型手機,
拍攝、剪輯、上傳到網站,之後做檢討與分析,擬定改善策略等等,已
成為人人可執行的宣傳手段了。不必太過在意影片的精緻度,甚至把沒
有編輯過的影片直接公開給人看也沒有關係。但是,如果要特地做一支
廣告影片,最好事先思考一下:希望影片能達到什麼樣的效果?要針對
哪些目標或對象來推出?如果能預先了解,對於行銷會有很大的幫助。

只是想要與人分享日常，
也能讓人看到入迷

▍將靜態的內容用動態來呈現，就能引起人的興趣

每個人看到自己感興趣的事物，都會忍不住多看幾眼，可能是在看到的瞬間就被吸引，可能是因為感到驚訝而目不轉睛。例如，把製作章魚燒的完整過程，拍成影片直接上傳，就只是這樣一部沒有剪輯過的影片，就被播放了916萬次（2020年3月止）。右頁上圖是日本廣島縣一家章魚燒店「Corosuke」所上傳的影片。另外，名古屋有一家糖果店「my ame工房」在影片中揭露了糖果製作的技巧，也獲得了很多的點閱次數（右頁下圖）。

製作某樣東西的過程，基本上就具備打動人心的力量。在做出成品的過程中，看見匠人手藝的精湛感，或是作業的韻律感或聲音等，一般民眾單純看到這些，就會感到興奮雀躍。

這些要素通常不會出現在電視廣告裡，卻能展現出店家獨有的特色或是個性。除此之外，這種單純的興奮感，也潛藏著讓人想分享給他人的力量──想把好東西分享給他人，這也是人性之一。對於一般人而言，平常很難接觸到的工廠製造工程或是傳統性的職人技術，都充滿著一種神秘魅力。

在你開始考慮拍攝一支廣告影片的時候，請先試著想一想：你的商品或服務，是否具備這類「令人感到雀躍」的要素？如果具備的話，**那麼你只要把拍到的畫面直接呈現，就能引起人的興趣、讓人著迷。在製作廣告影片時，這就是非常值得參考的創意。**

#ASMR #たこ焼き #職人
プロが焼く、美味しいたこ焼きの焼き方。小細工無し。ノーカット版。
7,443,362 回視聴

日本廣島「章魚燒屋Corosuke」的宣傳影片，內容是「專家教你
做出好吃章魚燒的技巧」，點閱數已將近千萬。

網址 https://www.youtube.com/watch?v=1aRU_YJz_go

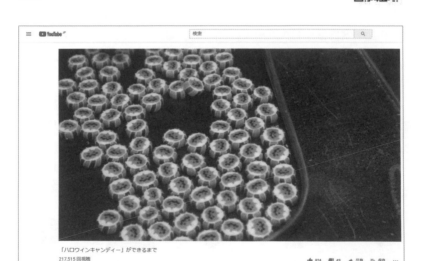

「ハロウィンキャンディー」ができるまで
217,515 回視聴

日本名古屋「my ame工房」的「萬聖節糖果製作過程」，介紹
製作糖果的一連貫過程，也吸引幾百萬人的觀賞。

網址 https://www.youtube.com/watch?v=xVP-uCUfu24

Section 02

行銷影片的效果超好！
沒有不開始做的理由

▌認知度會提高！好感度會提高！業績會提高！

　　用文字、聲音，甚至加上背景音樂來襯托出動人內容的廣告影片，比起靜態的橫幅廣告（banner）或關鍵字廣告，從「認知」到「購買」的所有階段，效果都更好，對提升業績有很大的助益。

　　根據日本電通和D2C廣告公司共同進行的調查，發現「看廣告影片」的人和「看靜止畫面廣告」的人相比，對廣告內容留下記憶的，多出了1.7倍；在廣告訴求方面，比起看橫幅廣告的人，看過廣告影片的人，記住廣告具體訴求內容的人多出了20%。另外，關於對品牌的好感度，和沒有影片的廣告相比，廣告影片能夠讓消費者對品牌好感度提高了5倍。

　　此外，看了廣告影片後，造訪官方網站的人，也比橫幅廣告高出30%以上；購買商品的比率，和橫幅廣告相比，廣告影片高出了2.3倍以上。

　　從以上的數據可知，和其他的平面廣告相比，影片能給與觀眾的印象異常強烈。正因如此，如果能自己動手製作影片，推出廣告時能夠投放的平台更多，當然能帶來更大的行銷效果。

廣告的認知	內容的記憶	品牌好感度	網站造訪	商品購買
65%UP	20%UP	5倍	30%UP	2.3倍

資料出處：「廣告影片的力量」（video-ad.net官網）

網址 https://video-ad.net/power.html

圖 1-1 　跟靜態廣告比起來，廣告影片在各方面的效果都更好。

Section 03

廣告影片是你一開始就該優先考慮的行銷手段

智慧型手機擁有豐富的創作素材

說到要「製作廣告影片」這件事，許多人立刻有「要像大企業一樣耗費鉅資」才能推出的高難度印象，但這完全是錯誤的。

廣告影片是創業者或中小企業的行銷主管第一個要先考慮的行銷手段。 或許你會認為「可是，攝影器材不是很貴嗎？」「剪接什麼的，要花很多錢吧？」不過，這些擔心都是多餘的。

為什麼呢？這是因為你所做的廣告影片，只要有一支智慧型手機就夠了，即使0元也能製作。智慧型手機既可以是「攝影機」，又可以是「剪輯軟體」，還能化身為發布的「媒體」，就連「資料數據分析」都能辦到，還能「隨時和顧客取得聯繫」，可以說是一項萬能的創作裝置。過去曾經要很多的「器材」、「工作人員」、「時間」和「資金」才能製作的影片，如今已經是只要一支智慧型手機就能實現的時代。

而且，只要將影片發布到自己公司的網站或粉絲專頁就有效果，一毛廣告費也不用花。即使是在社群網站推出付費廣告，根據規模，也只要台幣數十元～數千元就能投放。將影片放在你自己的社群媒體也可以，放在自己公司的官網上也可以。如此一來，花費的資金遠比電視廣告便宜，又能輕鬆打廣告。另外，因為影片的效果能夠用網站後台的數據來確認，以此數據為基準來檢討影片的品質，也能改進之後的影片製作方向。

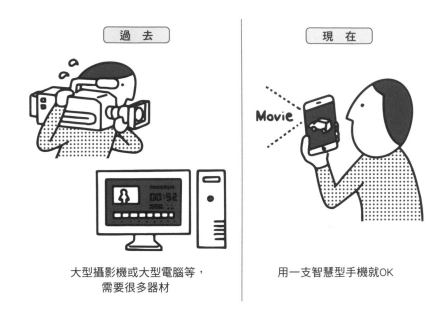

過 去	現 在
大型攝影機或大型電腦等， 需要很多器材	用一支智慧型手機就OK

圖 1-2　現在是用一支智慧型手機就能製作廣告影片的時代！

04

做一部影片，可以在數個平台上散播，不是很划算嗎？

▋ 可同時從數個媒體架構出集客式行銷

不管是創業者或是中小企業的行銷部門，只要製作一支廣告影片，**就能同時從數個媒體架構出集客式行銷**。所謂的集客式行銷，是透過知識性的「內容分享」來幫客戶解決疑問，最終達成銷售目的。以YouTube為首，也能放在自己公司的社群網站，甚至上傳到付費媒體等，展開各式各樣的宣傳行銷。

根據日本Online Video綜合研究所的調查，2018年的廣告影片市場，比前一年增加了34％，智慧型手機的廣告影片市場，比前一年增加了43％，高達全體影片市場的85％。今後這個市場，將會以驚人的速度繼續擴大，所以現在開始就必須研究各大社群的生態，根據行銷目的精準投放廣告。

數位廣告看板

投影機　　　　　網站　　　行動電話

圖 1-3 　一部廣告影片，可以在各式各樣的平台上投放。

廣告影片市場規模的推估・預測[2017－2024年]

（單位：億日圓）

圖例：
- 電腦
- 智慧型手機

年份	智慧型手機	電腦	合計
2017年	1,096	278	1,374
2018年	1,563	280	1,843
2019年	2,031	281	2,312
2020年	2,613	287	2,900
2021年	3,337	292	3,629
2022年	3,887	300	4,187
2023年	4,313	307	4,620
2024年	4,650	307	4,957

資料出處：日本網路公司CyberAgent「國內廣告影片的市場調查」（2018）

網址 https://www.cyberagent.co.jp/news/detail/id=22540

圖 1-4 日本的廣告影片市場，預估在2024年會擴大到4,957億日元。

Section 05
先了解影片的目標族群，
再著手製作影片

█ 以「行銷漏斗」的觀念來製作廣告

　　小至一杯飲料，大至一間房屋，消費者對一項商品或服務「墜入愛河」的過程，稱之為「行銷漏斗（Marketing funnel）」。此名稱的由來，來自於「由多到少」、「由寬到窄」的選擇過程，構成了有如漏斗般的曲線形狀。

　　在廣告製作時，如果能夠預先了解這個理論，對應漏斗上各個目標客層來考量影片內容，就不會走冤枉路。根據不同的產業，各自有不同的「行銷漏斗」，本書儘量將此理論單純化，以你要著手製作的廣告影片為例，呈現出以下的圖表：

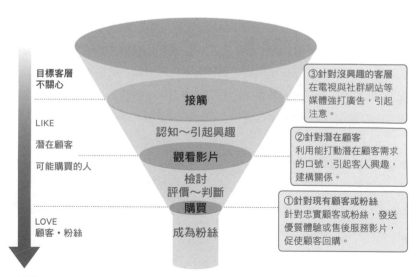

圖 1-5　廣告影片的行銷漏斗。

廣告影片應該努力的兩個方向

對於創業者或中小企業的行銷部門，在上頁的「行銷漏斗」中，最應該留意的客層要以①和②為主。

■①針對現有顧客或粉絲

針對現有顧客或粉絲的廣告影片，目標是要傳達「讓對方善意接受你」的訊息。粉絲之中，包含自行搜尋相關事物而來的人，也有經過現有顧客推薦而來的人，為了和這些「主動靠近你」和「對你抱有親近感的人」之關係更進一步，這是你一開始要努力的廣告影片方向。

為了持續創造口碑行銷，可多多利用自家公司官網或粉絲頁來免費發布影片。把有用的情報或相關新聞、特賣情報等，以具有吸引力的方式，定期上傳影片，目標鎖定長期性的關係建構。

■②針對潛在顧客

所謂的「潛在顧客」，是對你公司的商品或服務可能抱持有一點興趣，但還不至於馬上就購買的客層。因此，請製作喚起興趣、促使對方理解的「使用說明型」或「介紹型」影片為主，試著在社群網站購買廣告，並且積極宣傳。目標客群不是像電視廣告那樣大眾化的對象，而是要配合自己公司的目標鎖定潛在顧客，因此要好好設定搜尋引擎。製作影片時，也要預先設想好如何將購買網址置入廣告之中，引導顧客購買，才能贏得先機。

■③針對沒興趣的客層

如果希望吸引對你公司的商品或服務一無所知的人成為顧客，就必須在電視、YouTube以及其他社群網站等付費媒體積極投放廣告，讓對方知道你的存在。但是，對於這個客層，沒有必要從一開始就積極地打廣告。

> Chapter **2**

廣告影片的創意，就像在談戀愛一樣！

廣告影片的目的，不只是要讓人知道某項商品或服務，或是單純讓對方一次性購買而已，而是要讓對方持續地愛著你，並且一直交往下去。如果用這個方向思考的話，製作廣告影片的態度，就像是在「談戀愛」一樣。想像對方喜歡的東西是什麼，然後寫一封情書、向對方告白。你要想辦法揣測對方的心情，嘗試建構更好的關係。製作一則廣告時，不是「先想自己要怎麼開始」，而是「先考慮對方的感受」。首先，就從「如何考慮對方」來開始思考吧。

Section

01

廣告影片的創意和
談戀愛的共通點

▌廣告影片就像一對一的「戀愛關係」

　　如果說「廣告影片的創意和談戀愛相似」的話，或許很多人會對此感到疑惑，但是，這兩者之間的確有很多的共通點。社群媒體上的短片，和以大眾為對象的電視廣告不同，不是以「全體」為對象，而是以說服每一個「個人」為課題，更可說是和「一對一的戀愛」有很多共通點。

　　或許你曾聽說過這句話：「寫廣告文案時，請當作是在寫情書給喜歡的人！」實際上，不只是文案，廣告企畫也是一樣。用談戀愛的方式來思考廣告，往往能創作出讓人非常有共鳴的內容。

電視廣告

社群媒體的廣告影片

大家的偶像

唯一的戀人

圖 2-1 　電視廣告和社群媒體的廣告影片之不同。

希望大家要記住，社群媒體上的廣告影片，**目標並不是要向對你公司的商品或品牌完全不感興趣的人打廣告**。會主動來拜訪公司官網或粉絲頁的人，是在那個「當下」已經對你的產品感興趣的人。還有，你所發布的廣告影片，因為可以在網站後台篩選目標後再發布，所以比起所謂廣而告知的「廣告」，或許稱之為選而告知的「選告」，或是對個人告知的「個告」，更為正確。

此外，傳達訊息也不是「喂！各位好～」、「大家，請聽我說～」這種向大多數人的喊話，而是對單獨一個人說的。例如：「解決你肌膚的煩惱」，或是「想在三個月後完美穿上比基尼的你！」等等，像是為每一個人所量身訂做的訊息。

也就是說，所謂「廣告影片」就像是**1對1的「戀愛」**一樣。對方並不是完全對自己不感興趣的人，而是已經對自己有點好感的人。

那麼，讓對你已經有好感的人回頭看你一眼，這件事很難嗎？應該不會吧！只要再加把勁，讓對方喜歡上你並且和你交往，就只差臨門一腳了。把這樣的想法放在廣告影片上，用來向對方告白時的材料，就是你所擁有的商品或品牌。簡單來說，只要向對方強調「我現在要介紹的是你現在最迫切需要的東西！」就可以了。只要你能即時提供符合顧客需求的商品，你就會成為顧客「最喜歡的人」！

Section 02
製作廣告影片的詳細步驟

▎製作廣告影片最重要的是「企畫」

用智慧型手機製作廣告影片，進而吸引顧客的注意，是提升業績的第一步。那麼，拍影片有具體的步驟嗎？請先掌握以下的大致流程，那就是「企畫」→「腳本」→「拍攝」→「剪輯」→「上傳」→「效果測試」→「改善」→「新企畫」。

所謂「企畫」，首先要思考你要傳達什麼訊息給對方？你希望對方看完影片之後，做出什麼樣的行動？以這個「企畫」為基礎，把具體內容製作成分鏡，擬定針對拍攝時所使用的「腳本」。

「拍攝」、「剪輯」則是按照「腳本」進行的製作作業；「上傳」是在自家官網或社群網站發布影片，培養你的粉絲或測試潛在顧客的反應。

在社群媒體上投放廣告影片的最大好處，就是能夠「測試效果」，因為使用者在後台可以看見所有數據。將這個結果，反應在下一個要製作的廣告影片上，就能將影片「改善」得更好。

就這樣，雖說是簡單的廣告影片，也要經過以上幾道程序，才能讓影片更有效果。在這些步驟之中，最重要的是擬定企畫和腳本。務必要好好思考商品的對象以及目標族群，避免亂槍打鳥。關於廣告影片的企畫方法，將會在Chapter 3詳細解說。

圖 2-2 廣告影片製作的流程。

企畫影片的內容
（思考如何引起觀眾的興趣）

如何引起共鳴（如何被愛）

不管是戀愛或是廣告，首先，了解對方是很重要的事。在戀愛中，如果能找出對方正在煩惱的事，展現自己有足夠的能力解決這個煩惱，或許會引起意中人的興趣。

製作廣告也是一樣的意思。「為了打動對方的心，我能為你做到這樣的事」＝「只要買我們公司的商品，就能得到這樣的好處」，像這樣具體傳達自家公司的商品或服務魅力，才能讓對方感興趣。

廣告影片在傳達訊息前已經鎖定了目標對象，所以能提供對方「似乎已經感興趣的內容」來說服他們。這和電視廣告不同，可說是很容易「告白成功」的狀況。因為是在說服「已經有點心動」的對象，所以只要不用錯方法，成功率應該很高。

但是，不能只是單純地把訊息做成一封平淡無奇的「通知書」，能夠讓廣告的目標對象「怦然心動」是最重要的。要讓對方的心撲通撲通地跳，才是一支成功的廣告影片（＝成功的告白）。

思考對方會在什麼狀況下看影片

看電視廣告的姿勢，通常是坐在沙發或椅子上，用放鬆姿勢觀看的「後靠型（Lean Back）」，對於播放資訊是採取「被動接受」的狀態；另一方面，觀看廣告影片的電腦或智慧型手機則是「前傾型（Lean Forward）」，也就是所謂的主動型觀看態度。

像電腦或智慧型手機這種需要「往前傾」的觀看裝置，播放的內容對自己來說是否必要，觀眾會在瞬間做判斷。不需要的資訊就會馬上跳過，但如果是自己看了非常喜歡的資訊，很可能會將這個情報立即分享出去。正因為「喜歡」和「不喜歡」的差異如此之大，站在觀眾的立場思考是非常重要的。

| 電視 | 電腦 | 智慧型手機 |

Lean Back（後靠型）
• 用放鬆的姿勢來觀看
• 對播放的內容很被動

Lean Forward（前傾型）
• 用前傾姿勢注視畫面
• 篩選出必要的資訊再利用

圖 2-3 受眾的觀看態度因裝置而異。

▌ 不要以自己方便為優先

　　一般大企業所推出的廣告影片中，大部分都是將原本電視廣告用的影片素材加上字幕，直接放在網站上播放。這麼做的原因，是想把砸大錢做的電視廣告素材再利用的緣故。

　　但是，這麼做的效果並不好。因為放在電視上播放的廣告和放在網站上的廣告，在本質上就有很大的差異，不僅時間長度不同，視角和文字的大小也都不一樣。

除此之外，在智慧型手機上播放的影片，因為會以「主動型」的姿勢觀看，不一定要像電視廣告一樣，結構要有完整的「起承轉合」。通常電視廣告在一開始，首先要提示品牌的世界觀，接下來傳達有益之處，傳達由商品或服務會引起的變化，最後再秀出企業LOGO，以這樣的結構為最多；但如果是用智慧型手機或電腦來觀看這種影片，用戶一定沒耐心看到最後。因此，製作以手機或電腦來觀看的廣告影片時，一開始就要先給「結論」，也就是首先要告訴觀眾「這是針對誰的商品」，這件事很重要。

如果只是想把原本已經拍好的電視廣告再利用，這種「以企業方便為優先」的考量，效果是不會好的。請務必站在對方的立場來思考：觀眾利用什麼裝置觀看影片？觀眾在什麼時候、在哪裡看影片？拍片前要有諸如此類的考量，影片內容也要配合這些情況來拍，才能順利進行下去。

▌影片的好壞不是以畫質為優先

在為你的公司或商店製作廣告影片時，請注意以下三個重點。

第一，請提供「有用的情報」，尤其是觀眾有需求的。像是詢問度高的內容、讓人想學的專業知識等，輸入關鍵字搜尋就能看到的影片。像這類影片，觀眾都是被標題吸引而來看的，並不會用畫質來選擇影片。觀眾會優先選擇「能夠解決自己煩惱」的影片，因此請放進讓對方覺得「有收穫」、「得救了」，這類只有你才能提供的有用資訊。

第二，是「讓人愉悅的影像」。像是淺顯易懂的文字、節奏不要太快，或是你自己試著親自演出，以電視播報員的輕鬆氛圍登場，只要讓人感到輕鬆有趣，都能吸引人觀看。

第三，是「清晰的畫面」。現在，不管是使用一般數位相機或是智慧型手機來拍，都能拍出非常清晰的HD畫質，所以不必擔心解析度，最首要的重點還是要提供「有用的情報」。

共鳴比影響重要、個人比大眾重要、從物變成事

在不久之前，企業的大部分廣告預算都花在電視、廣播、報紙以及雜誌等媒體上，因為這些都是主流媒體，在這些地方刊登廣告是能讓最多人看到商品的方法。但是在社群網站全盛的現在，每一個人所接觸到的情報量變得過於龐大，已經沒有那麼多時間去看每一個廣告了。

不只如此，廣告也早已不是由企業單方面帶給顧客的產物，已逐漸變成「消費者本身主動尋找的東西」，甚至會主動發布情報，或是消費者之間交換情報的環境。相對於企業單方面的發布，消費者如今也能立刻與廣告互動。在這樣的環境下，可說是產生了「共鳴比影響更重要」、「個人比大眾更重要」、「從物變成事」的明顯變化。

廣告不是以量取勝，而是追求達到切合個人需求的品質，這就是「共鳴」的意義所在。但是，正因為這是共鳴的時代，發布廣告的這一方，並不能奉承觀眾，影片內容必須要有確實的理念。請記住，你的目標對象不是大眾，始終都只有一個人，而且，一定要專注推出能讓「那個人」產生共鳴、怦然心動的事。得到共鳴也不是一時的，而是要持續性的建構更良好的關係，請以製作出「持續被喜愛的廣告影片」為目標吧！

Section **04**

拍攝方式與剪接
（想像你要寫情書給對方）

如何將企畫具體成形

寫好一個能夠「打動人心」的企畫之後，接下來就是將企畫具體成形。要在什麼樣的場所拍攝、要穿什麼樣的服裝、要說些什麼話都必須先想好，然後按照這些規畫來拍攝。影片拍得越有魅力，就能讓觀眾越喜歡你，就能縮短觀眾和你之間的距離。

拍攝廣告影片時，為了向「好像會有興趣的人」喊話，要想辦法更有親切感、想辦法更靠近對方，觀眾才會認為你值得信賴。如何設定具體的目標對象，將在第48頁詳細解說，只要拍片的目標對象夠明確，就能看到期望中的成效。

拍攝時，請保有對觀眾（客戶）的體貼關懷

現在智慧型手機的功能非常齊全，直接使用智慧型手機的攝影功能即可，但是，請小心避免手震。拍出一個影像晃動的影片，就像你向心儀對象告白時，突然打了個嗝一樣，非常破壞氣氛。如果你收到一封錯字連篇的情書，就算你對這個人印象再怎麼好，也很難立刻喜歡上他吧？廣告影片也是一樣的意思。因此，為了自己的商品形象著想，請將手機固定在腳架上拍攝。不要讓觀賞影片的人有壓力，是身為廣告人首先要考量的條件。

現在是隨時都可能會拍攝到珍貴影像的時代，請練習拿好手機，不要讓影像晃動。防止手震的詳細方法，將在第86頁解說。

剪輯時，請發揮對觀眾（客戶）的服務精神

好不容易完成了拍攝工作，接下來該怎麼剪輯影片呢？只需要點擊一下智慧型手機的「錄影鍵」就可以攝影，因此大部分的人都有拍影片的經驗，但是到了剪輯這個階段，就必須好好學習了。

話雖如此，也沒有必要緊張，因為剪輯出一段完整的廣告影片，不需要太複雜的程序。只要利用手機裡的剪輯APP，就能一邊玩、一邊把拍好的影片剪輯完成。但是，剪輯影片時，一定要把「對方希望看到什麼？」這件事放在心裡，例如，內容要如何呈現才會淺顯易懂呢？要怎麼表達才有魅力呢？剪輯出觀眾想看的東西，也是對對方的一種愛。

現在這個時代，已經沒有必要使用高難度的電腦剪接軟體了。iPhone和Android系統都有優良的剪輯軟體，用APP就能完成品質很高的剪輯。在本書中所傳授的是拍攝完影片之後，能立刻在手機上操作完成的APP剪輯方法。詳細教學，將會在Chapter 6解說。

Section 05

尋找可以免費散播影片的管道

▊ 在可免費公開影片的媒體以四個階段曝光影片

完成廣告影片之後，可以在以下幾個媒體上免費公開，發表影片的媒體可分為以下四種：

第一種，是在官網或部落格上刊登。這是給專程來拜訪官網或部落格的人看的。

第二種，是活用YouTube。用這個方法，最容易在搜尋影片時被看見。

第三種，是向Facebook或Instagram、Twitter、Line等社群網站上的追蹤者公開的影片。相對於官網或部落格是「等待別人來造訪」的被動式公開，在社群網站上傳影片，還會出現在朋友的動態時報上，可以說是更為積極地宣傳。

最後，不要忘了把QR Code刊登在自家公司的傳單或宣傳手冊上。因為使用者用智慧型手機掃一下QR Code，就可以立即看到影片，對用戶來說更為簡單方便。QR Code的製作方法很簡單，請見第36頁的範例說明。

公司或商店的
官網或部落格

YouTube

Facebook或Instagram、
Twitter、Line等社群網站的
追蹤者

把影片的QR Code
刊登在傳單、雜誌、
海報等

圖 2-4 可免費刊登廣告影片的四個媒體。

■製作QR Code的方法

① 複製YouTube等的影片網址。

② 在Google輸入「QR Code」關鍵字搜尋後，就會出現很多能免費製作的網站，請從中挑選1個。

③ 例如，打開「QRCODE MONKEY」（http://qrcode-monkey.com）的網頁。在URL欄貼上影片網址後，依自己的喜好設定顏色和尺寸。

④ 設定完成之後，拉到下方點擊 [Create QR Code] 鍵。QR Code完成之後，點擊右下的 [Download PNG]，即可儲存圖檔。

貼上網址

在YouTube建立自家公司的頻道

現在社群媒體這麼多，該怎麼選擇最適合你的影音平台呢？首先要考慮**在YouTube上建立自家公司的頻道**，因為這是目前使用者世界第一的影片網站。雖然YouTube有些功能需要付費，但如果只是單純在個人頻道上傳影片，就是免費，還是有很高的利用價值。光只是這樣，你就能和競爭對手

產生很大的距離。例如，在YouTube上的「Will it Blend? – iPhone 6 Plus」這部影片中，一家名為blendtec的廠商介紹了自家公司的主力商品「食物調理機」，在影片中，展示者將各種東西放進調理機內攪打，就連當時的新商品iPhone 6 Plus也能打到粉碎，像這種創新的議題在當時引起話題，讓食物調理機的業績提高了700％。所以說，即使是使用YouTube頻道的免費功能，還是能創造出無限的可能性，這就是一個成功範例。這部影片，同時也是Google行銷座談會中特別提出來介紹的影片（編註：YouTube已於2006年成為Google的子公司），是一支令人印象深刻的商業行銷影片案例。

　　另外要注意的是，如果只是把影片公開卻沒有正確運用，可能會得不到你想要的效果。上傳影片時就要設定目標族群、標記標籤、登錄頻道，簡單的幾個步驟，就能讓觀眾更容易看見你，請一邊思考改善策略，一邊開發出最適合自己公司的宣傳訴求吧。再加上活用Facebook、Instagram、Twitter、LINE等社群網站來輔助，就能讓廣告影片持續曝光。

YouTube頻道的成功影片範例：Will it Blend? – iPhone 6 Plus

網址 https://www.youtube.com/watch?v=lBUJcD6Ws6s

06

各大社群網站使用者特性的
徹底分析

▌ 根據不同的社群平台來調整影片內容

開始製作影片之前,要先了解使用者的興趣,準備好能夠引起讀者注意力的內容。你需要考慮的是使用者會觀看影片的時間、地點、背景,掌握這些細節,思考如何應對。

廣告影片有各種類型,例如特地拜訪官網的人,可能會主動觀賞一部完整的品牌介紹影片,但是在YouTube或其他社群網站,就必須在影片的前三秒吸引觀眾的目光。依據這些特性來改變影片長度與表現類型,逐步調整至最佳化,才會有效果。

▌ 選擇最適合你的社群平台來發布廣告影片

以下從圖表2-5到2-8,詳細說明了目前可投放廣告影片的社群網站,不同的網站有不同的用戶族群,投放廣告前請先掌握各大平台的使用者特性,針對「有潛在購買可能」的顧客考慮影片優勢,在適合的平台上上傳影片。

社群網站	主要的用戶族群
YouTube	• 10幾歲〜到年長者,年齡層廣泛。 • 對象是想要觀看影片內容的用戶。 • 可匿名使用。
Facebook	• 30〜50歲的男女性。 • 相關企業以及電商網站也會使用。 • 實名制。
Instagram	• 主要使用者是10〜30幾歲的女性。 • 關注化妝品或美容、飲食等流行資訊的年輕女性。 • 可匿名使用。

社群網站	主要的用戶族群
Twitter	• 10～40歲的男女性，歐美以及日本使用者較多。 • 可匿名使用。
LINE	• 年齡層廣泛。 • 可以取代E-mail的聯絡方式。 • 可匿名使用。

圖 2-5 主流社群網站的主要用戶族群。

社群網站	設定目標使用者
YouTube	從數量龐大的觀眾中，不僅可以篩選年齡、性別、地區、喜好、關鍵字、觀看裝置，就連星期幾或觀看時段都能篩選。
Facebook	• 最能細分目標使用者的社群網站。 • 除了年齡、性別、地區、語言以外，還能根據學歷、工作地點、個人興趣等，針對使用者做出量身訂做的廣告行銷。 • 如果篩選項目太細，有可能無法把影片傳送給沒有登錄該相關興趣與嗜好的人，這一點請注意。
Instagram	• 基本的篩選功能與Facebook類似。 • 可向自訂的廣告受眾（現有顧客）做行銷宣傳。
Twitter	除了地區、年齡、性別等基本資料之外，還可從正在追蹤的帳戶、類似的用戶、興趣、嗜好、搜尋關鍵字以及互動中的電視節目來設定目標。
LINE	• 可按照LINE官方帳號後台內建的的5種屬性（加入好友期間、性別、年齡、作業系統、地區）來當作發送對象的篩選條件。 • 藉由「再行銷（註）」，播放使用者關心度高的廣告。

圖 2-6 主流社群網站的目標設定。

註：「再行銷」的英文是「retargeting」，目標鎖定已經將商品放入購物車，卻還沒有付費的「高度興趣」使用者，利用LINE官方帳號的「再行銷訊息」推他們一把，讓使用者完成購買流程。

社群網站	廣告的種類
YouTube	• 出現在影片播放前，5秒後可以略過廣告。 • 「TrueView串流內廣告（註1）」和6秒以下的短廣告影片「串場廣告（註2）」為主流。
Facebook	• 在被稱為「動態消息」的動態時報上播放廣告為主流。 • 可根據預算、目標、即時回饋改變廣告影片的內容。 • 可以設定貼文目的，有「品牌認知」、「觸動考量」、「轉換行動」等3個方向。 • 從提高品牌認知度、獲得播放次數、貼文宣傳、安裝應用程式、與粉絲的互動，到購買或來店人數的增加等等，可選擇不同的「轉換行動」。
Instagram	• 除了動態消息廣告，還能發布24小時就會消失的「限時動態廣告」。 • 可透過Facebook的「廣告管理員」來發布和管理。
Twitter	• 可在需付費的推文廣告（促銷推文）中，附加上「促銷影片」。 • 最大價值是「高即時性」，以「高擴散性」的廣告影片為目標。 • 用戶轉推影片不會收取費用，因此以CP值來說相對划算。
LINE	• 用「LINE Ads Platform（成效型原生廣告平台）」可在用戶的貼文串中發布廣告影片。

圖 2-7 主流社群網站的廣告種類。

註1：串流內廣告的播放方式類似電視廣告，可以在影片播放前或播放中放送。觀眾觀看 30 秒以上或看完整部影片，廣告客戶才需要付費。

註2：串場影片長度不超過 6 秒，觀眾無法略過這種廣告。廣告曝光達 1,000 次時，廣告客戶才需要付費。

社群網站	廣告的特徵
YouTube ▶	• 處理的內容只有影片。 • 因為是以觀賞影片為目的，最好能夠有聲播放。 • 可在YouTube頻道儲存影片，方便再次觀看。 • 能誘導觀眾前往自己公司的網站。 • 目前是Google的子公司，可在很多相關網站發布。
Facebook f	• 在社群網站中的影片功能最充實。 • 因為採用以影片為優先的演算法，所以影片貼文或廣告影片的競爭優勢大。 • 根據目標設定，可以發布給目標明確的用戶族群。 • 簡單設定廣告播放的停止、再開始等功能。 • 因為廣告的種類很豐富，所以能推出適合所謂行銷漏斗（P23）的「認知」、「檢討·決定」、「購買」等各種消費行動的對策。
Instagram ⟲	• 重視視覺效果的IG美照或影片占大多數。 • 使用者大部分是年輕女性，專門拍可愛、美麗事物的照片或影片。 • 為了迎合用戶的興趣，具有時效性的貼文或流行廣告影片的重要性持續增加。 • 從母公司Facebook的管理頁面就能投放影片。
Twitter	• 和動態時報上的貼文並列，依時間序列來排列廣告影片，真實性高，適合用來傳播流行資訊。 • 利用促銷推文的回覆功能，可以和用戶直接用訊息交流。 • 可以鎖定以#（tag）標註的廣告設定。 • 根據轉推功能，可以有效在短時間內擴散。 • 對於增加潛在顧客，或是想在短時間內發布大量訊息時特別有效。
LINE 💬	• 台灣最多人使用的通訊軟體。

圖 2-8 主流社群網站的廣告特徵。

▋廣告影片的創意

　　根據不同的社群網站，投放廣告影片的內容也有所差異。在各個社群網站上要製作什麼樣的廣告影片才好呢？讓我們一起來看看吧。

■YouTube廣告影片的創意

　　YouTube和其他社群網站不同，在原始設定（預設值）上就是用來播放有聲影片的，可說是播放廣告影片的最佳平台。而且，因為YouTube的觀眾早就做好了觀看影片的準備，所以，**在認知到這是廣告後，是否還會繼續觀看呢？** 是最大的重點。此外，想要在YouTube發布廣告影片時，要先考慮到影片長度、背景音樂、整體結構、觀眾的觀看態度以及發布時間等因素，才能製作出打動觀眾的影片。

　　YouTube的代表性廣告「TrueView廣告」，會出現在影片播放前或播放中，觀看5秒以上就可按下「略過影片」。這樣的影片，請做出讓觀眾產生「接下來會有什麼樣的發展呢？」的興趣，像這樣讓人期待的影片結構，才會具有效果。TrueView廣告的製作目標是希望觀眾能夠完整看完，最推薦用來擴大品牌認知度。

　　6秒的廣告影片串場廣告，因為沒有「略過影片」功能，投放單價也很便宜，所以能接觸到更多用戶，因此適合用在「想要大量發布」的時候。傳達的主旨要篩選到只剩1個，讓目標對象產生強烈印象。

■Facebook廣告影片的創意

　　Facebook是實名登錄制的社群網站，可視為在日常生活中廣泛宣傳的延長賽，對所謂的3F（family、friend、follower）階層影響效果最好，不但自己能更容易找到喜歡的商品，也能得知認識的朋友開始用了有趣的服務等等。像是這種引發「想告訴朋友！」想法的廣告影片，擴散和被分享的可能性就會非常高。

在Facebook的動態時報上，因為影片是以「無聲」狀態「自動播放」的，所以<mark>有必要在影片開頭就要喚起觀眾的興趣，讓他點閱</mark>。因此，要有效活用由字幕或貼文裡引起的關注，讓影片受到注目。

不管是一般發文或是廣告投放的情況，影片長度最多可到120分鐘，這個時間限制是在所有社群網站中最長的，所以能製作出電視廣告辦不到的「網路限定影片」，也可以製作長篇的品牌化影片。

影片的長寬比從16：9的橫向格式到9：16的直向格式都能相容，也可播放360度全景影片。

■Instagram廣告影片的創意

在Instagram上，以美麗、可愛、有品味的內容最受歡迎，<mark>視覺上的美觀（IG美照）很重要</mark>。比起道理邏輯，這個平台更以觸動情緒、感性的事物為優先，因此使用者以年輕女性為最多。過於生硬的訊息傳達，通常不太具有效果。

雖然有按讚或留言的功能，但卻沒有分享的功能，所以在Instagram裡的影片內容無法靠「口碑」，一定要緊緊抓住用戶的心。不論是一般發文或是廣告投放，影片的長度最長都只有60秒。影片長寬比可選擇1.91：9的橫向格式、1：1的正方形、4：5的直向格式三種，其他的影片格式則以Facebook廣告影片為基準。

■Twitter廣告影片的創意

在Twitter上做廣告影片推文的時候，是以對自己公司或商品感興趣的潛在粉絲為對象。因此，比起廣告的感覺，請更專注在<mark>自己人之間的話題，就像是在跟朋友說話一樣</mark>。因為可以匿名使用，所以請把對方特別感興趣的嗜好、會有強烈反應、能夠引爆話題或廣泛討論的內容做成廣告影片，接下來就能期待在朋友群間被轉推而擴散開來。如果是有衝擊力的內容，很有可能在瞬間就達到數萬人的觀看人次。

另外，因為是「無聲」且「自動播放」的內容，最好要花心思設計一下字幕或推文評論。關於影片的長度，一般推文是最長140秒，廣告投放最長是10分鐘。影片的長寬比從2.39：1的橫向格式到1：2.39的直向格式都能使用。身為Twitter的用戶，心裡原本就存有「想把有用的情報散播出去」的想法，**因此具有社會價值的廣告影片也有效**。

■LINE廣告影片的創意

不論是在日本或台灣，LINE都是市占率最高、年齡層廣泛的通訊軟體。但是，誠如大家所知，比起能夠接觸陌生人的Facebook等社群軟體，LINE屬於1對1或是群組間的聊天工具，因此，**製作煽動欲望的廣告影片**最具效果性，目標對象主要是朋友或同事。廣告影片的長度限制是60秒，只有16：9的橫向格式。LINE廣告首重短又有趣且有用的內容，只要符合這個要點，就容易成功。

07

影片上傳後的分析：檢討與改善

▍活用網站後台的流量分析服務

上傳（告白）完成之後，接下來**請傾聽對方的心聲吧**。對於了解自己喜好的人，心自然而然就會被他打動，如果能站在對方的立場思考，就會提升受對方青睞的機率。廣告影片也是同樣的意思，在分析影片點擊次數和觀眾停留時間等數據後，檢討影片的內容，就能逐步改善影片品質。這個測試影片成效的的方法，就是應用了「PDCA工作術」，也就是Plan（計畫）→Do（執行）→Check（查核）→Act（行動）的循環。

在以YouTube為首的各個社群網站之中，都有名為Analytics的網站流量分析服務，在這裡能取得各式各樣的數據資料。

雖然廣告影片能夠以低成本開始執行，但為了提高成效，請務必好好運用分析服務。例如，觀察對方的反應來更換影片呈現方式，或是改寫文案等等，一邊觀察後台數據、一邊訂定改善對策。雖然這些數據分析會多花一些時間，但會對達成你的目的有很大的幫助。這樣的想法，也和「談戀愛」的感覺相近，這就是為了「讓下一次的約會更好」所做的努力。關於如何閱讀分析數據，將在Chapter 8詳細解說。

▍廣告影片是為了「永遠被愛」的手段

廣告的目的，不只是「擴展」商品或服務，而是希望最後能達到「被對方愛上」的目的。如果能夠成為戀人，形成可信賴的良好關係，就能夠進入穩定交往期。在這一點上，廣告影片和戀愛也有異曲同工之妙。

製作廣告影片時，請按照圖2-9的流程來執行。

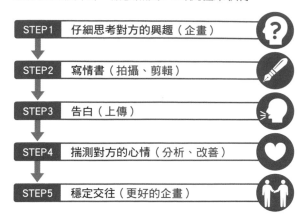

STEP1　仔細思考對方的興趣（企畫）

STEP2　寫情書（拍攝、剪輯）

STEP3　告白（上傳）

STEP4　揣測對方的心情（分析、改善）

STEP5　穩定交往（更好的企畫）

圖 2-9　製作廣告影片的步驟。

　　以這個流程來考量企畫，就能夠輕鬆做出受歡迎的廣告影片。最重要的
是，在開始思考企畫時，就會讓你開始產生動力，讓你自然而然把對對方的
思慕之情表現出來。從下一章開始，我們來看看如何從無到有製作出一支廣
告影片吧！

> Chapter

3

各大社群平台的
廣告影片企畫方式

「廣告影片」就是「愛的告白」，如果這樣解釋的話，也許你就
能立刻想出好幾個廣告影片的企畫了。現在是全民網紅的時代，
任何人都可以使用智慧型手機拍出一支影片，對大眾說出自己想
說的話。其實，即使是行銷專家，關於影片行銷雖然能說得頭頭
是道，但能想出廣告影片創意的人，卻是少之又少。這個章節將
會帶你了解廣告影片的理論，也請利用本章的內容，好好思考一
下自己如何演繹出打動人心的獨特表現。

Section **01**

決定廣告的目標族群

█ 鎖定廣告影片的目標對象

　　放在自家公司官網或社群網站的廣告影片，也可在YouTube頻道、Facebook、Instagram、Twitter等媒體平台上同步播放，是能不斷重複再利用的「資產型」廣告。因為是在自家公司所擁有的媒體上刊登，所以不管重複播放幾次都可以，內容以傳達品牌魅力或商品的使用方法為主。

　　在製作公司或商品形象的廣告影片時，最重要的是要**明確決定這個廣告的目的或目標對象**。如果在這個階段能先確立廣告內容的方向，那麼接下來在考量是否要進一步購買付費廣告影片時，也能有所幫助。要在何時、何地、對誰、做什麼、怎麼樣傳達呢？為了能確實地把訊息傳播出去，請先好好思考這些問題。

█ 目標對象只要設定一個人即可

　　很多人無法決定廣告究竟要「對誰說」，其實就如同前面所提到的，廣告影片的內容，就要是向你的顧客做出「愛的告白」。

　　這樣思考的話，目標對象設定就非常簡單。**只要設定一個想要貴公司商品或服務的人為對象，就可以了**。

　　這個目標對象的人物形象稱為**「人物誌」，英文稱為Persona或Avatar**。「人物誌」是一個半虛擬的人物，它是一份用來「詳細描述」目標客群的資料。你或許會想，只針對一個人，不會太狹隘嗎？但是若把目標對象設定在20～34歲女性年齡層的話，如此籠統的做法是不行的。這樣的設定方法，只適合電視廣告等大眾傳播媒體。在網路上播放的廣告影片，必須限

縮目標對象的人物形象，才能讓值得期待廣告效果的對象觀看。所以，把明確的人物誌形象定位好，才能進入製作廣告影片這一步。

要為自家公司的商品打廣告的時候，如果不先明確定位出你的人物誌，等於不確定自己的目標族群，因此無法引導出「客戶會有什麼煩惱？」「公司要如何處理才好呢？」「該提供什麼服務呢？」等問題，這些問題的答案都無法精確查明。

如此一來，就無法得知潛在顧客想要的事物，結果就做出了估算錯誤的廣告影片，當然也無法提升業績。如果想要確實地把貴公司的商品或服務介紹給潛在顧客的話，請好好設定人物誌吧。

從四個基準來決定目標對象

那麼，究竟該怎麼設定人物誌呢？首先，要找出喜歡貴公司商品的顧客（會喜歡你的人），製作出**具體個人檔案的設定**。要確實把一個對象的形象定位出來，再小的細節也不例外，就能想出足以打動這個人，或是和這個人相似的人的訊息。

這個時候，只要假設對方是「喜歡的人」，就很容易理解了，但如果貴公司的商品或服務，對自己而言，有「年齡」或「文化性」的差異，就請試著以自己的父母或好友等身邊重要的人來假設。

具體上要決定什麼樣的項目呢？請根據以下四個設定基準來思考。

■人物形象
姓名、年齡、性別、居住地、單身或已婚、家族成員、學歷、工作、職位、工作年資、換工作的次數、收入、生活型態（通勤時間、就寢時間、用餐時間）等等，打造出一個理想的人物分析。這個人的一天是怎麼過的呢？什麼時候會上網呢？諸如此類的細節都要思考。

■價值觀

對於工作、金錢、職場以及私底下的人際關係、健康、興趣、流行等等，這個人抱有什麼樣的價值觀呢？請試著想像看看。

■感情

關於這個人物所擁有的煩惱、正面臨的問題、根本上的原因或心中的願望。所謂「根本上的原因」，是指這個煩惱的本質。例如，如果是為「很胖」這件事煩惱的人，可推測是「吃太多」、「運動不足」、「壓力」等原因，也可衍生推測出這個人物會這樣想的其他可能。至於「願望」，請試著思考看看這個人物對未來的憧憬。

■關鍵字

指的是這個人物對什麼樣的文字訊息會有反應。找出他在上網的時候，會不知不覺多看兩眼的關鍵字，請試著想出他可能會關心的內容吧。

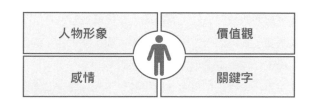

圖 3-1　決定人物誌的四個基準。

現在，請試著實際模擬一次設定完整的人物誌吧。做為對象的商品是「專為問題肌膚設計的100％無添加護膚油」。根據以上四個基準，設定出下頁的具體人物誌，整理歸納成圖3-2。

人物形象			價值觀	
姓　　名：林智鈴	工作年資：5年		工　　作：上班族	
年　　齡：30歲	轉職次數：1次		金　　錢：存款台幣60萬元	
性　　別：女性	年 收 入：100萬元		買高品質的物品	
居住地：台北市	通勤時間：1小時		人際關係：3個好朋友	
戀　　人：有	睡眠時間：6小時		健　　康：對肌膚粗糙、乾燥膚質很煩惱	
家族成員：	網路利用：		興　　趣：逛天然日用品商店	
4人（父母和妹妹）	早上通勤時和就寢前		願　　望：想變漂亮	
學　　歷：大學畢業			選擇適合自己的東西	
工　　作：金融業				

感情	關鍵字（好像會關心的詞彙）
・對肌膚粗糙、乾燥膚質煩惱中 ・找不到適合自己的護膚產品而傷腦筋 ・雖然試過很多的商品，但卻造成肌膚問題， 　或是沒有找到適合的 ・想盡可能找到天然的產品	・天然材質 ・全天然 ・敏感膚質 ・肌膚問題 ・不使用化學物質 ・100%無添加 ・未精製商品 ・初榨橄欖油 ・傳統醫療 ・感覺新奇的名稱

圖 3-2 人物誌設定範例。

　　如上圖的範例所描述，請仔細想像會利用貴公司商品或服務的顧客，盡可能把細節設定清楚。即使覺得有一點麻煩，但只有這樣做，理想的人物形象才會逐漸浮現，在更深入理解這個人的心情後，自然就能歸納出應該製作什麼樣的影片內容了。

Section 02
首先將影片傳給3個F

3個F是你的核心粉絲

在自家公司的YouTube頻道或社群網站推出廣告影片時,首先要決定好目標對象的人物誌,才能了解所要傳達的內容。掌握住這個基本要素之後,接下來的步驟是,請優先將訊息散播給粉絲之中的**3個F**,也就是Family家人、Friend朋友以及Follower追蹤者。很多從商店或公司發出的消息,都是來自同一個圈子裡的朋友、認識的人或追蹤中的社群網站貼文。也就是說,如果要設定廣告影片的關鍵字,「個人」比「組織」適合;「關聯性」比「販賣」適合;「開心」比「工作」適合。

3個F可以說是你的核心粉絲,因為如果能製作出家人、朋友或追蹤者喜歡的內容,這些人就會無私地把你的情報宣傳出去。現在,在你的朋友群之中,是否有人在社群網站討論貴公司商品的情報呢?如果還沒有被討論,現在馬上把訊息丟給3個F吧。如果不主動把訊息帶給核心粉絲,那不管是什麼樣的宣傳,都無法讓業績提升。行銷的第一步,就是想辦法打動核心目標對象的3個F吧!

圖 3-3 3個F的關係圖。

03

只設定一個確切目的，
避免模糊焦點

▌在廣告之中只置入一個訊息當作目的

　　在製作廣告影片的時候，你的「目的」是什麼？請做出明確的決定。重要的是，要讓觀眾看了廣告影片後，會「感覺不一樣了」、「想法產生了變化」，也就是把原本有A想法的觀眾（目標對象），改變為有B的新價值觀。把這個理想當成目標，想一想要怎麼表現。

　　在這裡最關鍵的一點是，不要把想要說的事全部塞進影片裡。要明確傳達一個訊息，只帶來「唯一一個的變化」的一件事，這是成功的重點。

　　決定好目的之後，為了達成目的該如何表現，要逐步去實現。那麼，要怎麼樣找到目的呢？請以第48頁的「人物誌」為基準，去思考這個問題。

　　例如，你跟A小姐提出要「交往」，這時，你必須分析身為人物誌的A小姐狀況。根據不同的狀況，告白的內容也會不同，如同以下的分析：

①A小姐和你的情敵交往中
　　→告白內容中請發揮能讓他們分手的個人魅力
②A小姐連你的名字都不知道
　　→不會嚇到她的真摯告白
③A小姐很在意你
　　→展現你個人魅力的告白
④A小姐是你的粉絲
　　→馬上能讓她跟你交往的告白

⑤A小姐覺得談戀愛沒什麼價值
　→告白內容中強調戀愛能帶來的快樂

　　上述因應不同狀況的告白內容，目的都是希望與對方順利交往。但根據人物誌設定的不同，也會產生不同的「短程目的」，而最終目標是讓對方產生「改變」。只要這件事能確實發生，那麼你所製作的廣告影片，就會看見效果。

▌目的越明確，廣告的效果越大

　　現在開始，你不是站在廣告主的立場，而是要以創作者的立場，想一想要推銷的商品或服務，對於顧客來說，能夠產生什麼樣的變化呢？試著揣測一下**顧客腦中的想法**吧。

　　例如，你現在要製作一支「調味料」的廣告影片，在思考要如何表現調味料的特色之前，先決定好「廚藝不好的媽媽也能開心使用的調味料」此一目的。如此一來，有了這個調味料，廚藝不好的媽媽也能做出美味的料理。「不好」→「好」的過程，就是所謂的「變化」。

　　變化：「廚藝不好」→「廚藝好」
　　目的：「讓廚藝不好的媽媽開心」

　　接下來，腦海裡會漸漸浮現孩子們開心用餐的畫面，或是音樂、文案、用字遣詞等等，這些都是先設定了「讓廚藝不好的媽媽開心」的目的，才能衍生出各式各樣的創意點子。

　　這個「目的」的發現非常重要，因為目的越適合目標對象，對觀眾來說就越有吸引力，廣告影片的效果也就越大。

　　同時身為廣告主的你，或許非常了解自家的商品或服務。但是，製作廣告時如果沒找出目的，一心想著「打響名氣」就好，或是只「以商品說明為

目的」是不行的。因為廚藝不好的媽媽的願望,是想讓孩子一邊吃飯、一邊說好吃,所以如果無視目標客群的想法,不管做出什麼樣的廣告,都不會有效果。

「找出目的」這件事,可說是占了廣告影片品質的七成。「目的」將會成為把貴公司的商品或服務和顧客連結在一起的關鍵,所以,請好好思考一下「目的」吧。

含有傳達「變化」訊息的廣告案例

雖然之前說過,但我還要再次提醒,能留給人深刻印象的廣告影片,是能確實把「變化」傳達給目標對象的內容。所謂「變化」,是指把A變成B,因此需要找出目的,並將目的帶入廣告中。

在這世界上有很多廣告,都包含著傳達這個變化的訊息。那麼,讓我們來看看一些例子吧。

・健身房

目的雖然有「變瘦」、「增強體力」、「變健康」、「開心」、「重量訓練」等各式各樣的考量,但如果以「新加入的年輕女性會員」為目標對象的話,這些人的心聲或許是「雖然一直都是胖嘟嘟的體型,但是現在有了喜歡的人,我想讓那個人注意到我,所以想開始減肥。如果有好的健身房,我想去看看!」以這樣的觀點來切入,是很合理的思考。

日本「RIZAP」健身中心的影片,就是以這個概念為出發點。影片中所展示的,是一個說不上很胖、但有點肉肉身材的女性,因為想要被喜歡的人稱讚「好可愛」而想要瘦下來,最後成功變身成為苗條美人。讓觀眾看到使用前、使用後的影片。A→B的「變化」一目瞭然,是讓人看完就會產生認同感的實證廣告。

日本「RIZAP」健身中心的廣告。

網址 https://www.youtube.com/watch?v=aW83ZELMtvQ

・飯店

　　一般人入住飯店有「旅行」、「度蜜月」、「出差」等各式各樣的目的，但如果以小資上班族或單身女性旅行的觀點來考量，「高級飯店很貴，而一般膠囊旅館又好可怕。有沒有身為女性的我也能輕鬆入住，價錢合理又有奢華感的商業飯店呢？」這應該是不少人的心聲吧。

　　日本商務旅館「FIRST CABIN」製作出切合此需求的影片。影片中展示了一家新型膠囊旅館，在陸地上也能體驗到如同頭等艙的般飛航氣氛，主角由一位女性登場，展示房間裡的樣式和各種設備，成功改變了一般人對膠囊旅館狹小又廉價的想法。

日本「FIRST CABIN」新型膠囊旅館的廣告。

網址 https://www.youtube.com/watch?v=Wc-Ad-SrcTM

・英文會話補習班

提到英文補習班,一般人都認為「有工作需求」、「考取證照」、「國外留學」等原因才會特別去學習,但是,也有不少人單純想要加強日常英語會話能力。「不是普通的英文補習班,有沒有能透過個人興趣或喜歡的事物,開心說英語的環境呢?」

以這個概念為基礎而揣摩出來的作品,是「AK-English」,內容是在YouTube頻道上的英語會話影片,告訴大家不要只在教科書上學英文,而是要以「開心說英語」為目的,推出一系列用直接對話的方式與觀眾對談的影片,其中也有許多點閱次數超過100萬次的作品。

「在超短時間內精通的英語學習法!」
(AK in Canada｜AK-English)的英語線上教學影片。

網址 https://youtu.be/SNwMMEGMnGA

04

想出讓目標族群產生「變化」的文案，寫成廣告詞

決定好對象和目的，就能確定文案方向

　　廣告影片的文案，和海報或報紙等平面媒體的文案一樣重要，好的文案是廣告的靈魂，具有改變生活或人生的影響力。例如，只要提到「鑽石恆久遠，一顆永流傳」、「這不是肯德基！」等廣告詞，你一定多少都有印象吧？一句琅琅上口的文案，就能夠讓觀眾印象深刻，可見文案之於廣告的重要性。

　　不過，廣告影片的文案，不需要迎合大眾，只要能讓某些人「想回頭再看一眼」即可。請站在受眾的立場來思考，試著想出幾句能解決觀眾煩惱的句子。盡可能多寫幾句「解決受眾煩惱」的文案，再從其中選出最適合的一句話。

廣告影片文案的必備5要素

　　撰寫廣告影片的文案時，請你隨時把以下5件事放在心上：

①把使用者（顧客）的「心聲」、「想解決的煩惱」條列出來

　　一邊把自家的商品或品牌放在腦海裡，一邊試著把顧客的煩惱轉換為文字。最重要的是，把自己想成是對方（顧客），試著把「想瘦卻瘦不下來，但是還是好想瘦」諸如此類的煩惱，變成文字語句。

②針對使用者（顧客）的煩惱，寫出「解決的方法」

思考「自家的商品或服務，能如何解決顧客的煩惱」，把應對的方法寫下來。如果是「不安」就想辦法讓顧客「安心」，如果是「不滿」就想辦法讓顧客「滿意」，以此類推，「不便」就是「便利」，「不快」就是「愉快」，「不合適」就是「合適」，像這樣寫下解決的用語。

③在「解決的方法」之中選出最好的一個，琢磨成「吸引人的文案」

請盡量不要用陳腔濫調，也不要用大家常聽到的平凡用語，優先選擇新穎或讓人耳目一新的標語。

④正確預測使用者（顧客）的觀看習慣以及觀後心得

使用者觀看影片的想法或認知，會因為不同的平台和觀看時段等因素而改變。根據使用者當下的思考、理解、感情，想一想如何撰寫出能夠讓受眾產生心理變化的文案。

⑤選擇與使用者（顧客）關聯性強的有效關鍵字

使用專業用語或該特定族群特有的用語，效果會更好。

想瘦卻瘦不下來該怎麼辦？
不安、不滿、不便、不快、不合適

這樣的你應該要這樣做！
安心、滿意、便利、愉快、合適

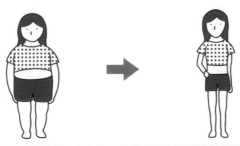

引導受眾「解決這個煩惱」、「消除這個不滿」是很重要的

圖 3-4　思考廣告影片文案時的重點。

文案的具體範例

以下以一家運動俱樂部的廣告影片文案為範例,請試著以此為基準思考看看。

①把目標對象「想解決的煩惱」條列出來

「想變瘦」、「想變可愛」、「想穿上漂亮的衣服」、「想受歡迎」、「想在夏天穿上比基尼」等等。

②針對目標對象的煩惱寫出「解決方法」

「一個月能瘦6kg」、「有專屬的教練很安心」、「瘦了就會交到男朋友」、「到夏天就會有小蠻腰」、「不會復胖」等等。

③在這些「解決方法」中選一個,仔細琢磨成「恰當的文案」

「鍛鍊出受歡迎的身材」→「瘦下來,就有受歡迎的身材」

「到夏天時想要腰圍變細」→「瘦下來,就能穿上漂亮的衣服」

④正確預測目標對象的觀看態度以及心情變化

「就寢前」、「一個人」、「想著喜歡的人的時候」、「思考未來的幸福」、「想被喜歡的人告白」、「想要有受歡迎的身材」→「瘦下來,想被人稱讚『好可愛』」

⑤其他和目標對象關聯性強的專業用語

「全額退費保證!」、「專屬教練免費指導!」、「消除橘皮組織」、「有效鬆開筋膜」等等。

請像這樣,只針對唯一一個人,想出讓這個人有興趣的文案吧!

廣告文案中能使用的心理學技巧

想要寫出優秀的文案，必須要有一定程度的經驗。但是，如果能掌握以下所述的心理學思維，就能提高文案的精確度。撰寫文案之前，請仔細了解一下這些理論，對思考影片內容很有幫助。

■雞尾酒會效應（Cocktail Party Effect）

這個方法，是用吸引人的事物，立刻抓住觀眾的心。想像一下，即使在喧鬧的大街上，只要聽到有人大聲呼叫自己的名字，你一定會回頭；在人聲沸騰的派對會場裡，兩個人聊天也不會受到別人干擾，這是因為——「人只會選擇只和自己相關的事物」來聽的緣故。

如果能把這個效應使用在廣告文案上，就能寫出「一個月後，想確實瘦6kg的你！」、「給單獨過聖誕節的人的一句話」這類文案。雖然對方在網路上瀏覽過很多的情報，但一看到這樣的文案，就會覺得「啊，這就是在說我！」如此一來，就能讓觀眾把目光停留在這裡。特別是針對社群網站製作的廣告影片，因為能設定明確的目標對象，所以請在一開始就優先考慮推出這類文案。

■從眾效應（Bandwagon Effect）

Bandwagon是在遊行最前端的樂隊花車，因此「從眾效應」又稱為「樂隊花車效應」，意指人們受到多數人的一致思想或行動影響，而跟從大眾的行為。例如，在街上看到有人在排某樣限量商品，雖然自己不需要，但不知不覺就會跟著去排隊。熱門餐廳會利用大排長龍的景象，或是很多人展露笑容的照片來當宣傳照，都是代表性的作法。人都會傾向去「多數人選擇」的地方消費，因此強調「使用人群多」的優勢，更容易會讓人思考要不要購買商品。像是「100萬個銷售一空！」提出具體數量，或是「還剩10間！週末請來參觀樣品屋」等展現搶手程度來推銷房地產的手法，也請務必學起來。

各大社群平台的廣告影片企畫方式

■暈輪效應（Halo Effect）

　　一開始就打出「東大畢業」、「奧斯卡金像獎10項提名」等文案，很容易就給人高評價的印象。這是因為人在評價對象的時候，會受到最初接受到的情報影響，在了解實情之前，便會從局部擴散而得出整體印象。Halo是光環的意思，因此「暈輪效應」又稱為「光環效應」。像是「○○醫大△△教授監製的減重營養補充品」、「財務規劃師教你月入增加3倍的方法！」等文案，第一眼看到就讓人產生信任感，能夠讓觀眾心裡立刻產生印象。

■錯誤共識效應（False Consensus Effect）

　　這是指人們傾向把自己的思維方式投射向他人，認為大多數人都有和自己相同的意見或行動。例如，某人在簽訂契約或是否購買商品猶豫不決時，只要跟他說購買過此商品的顧客反應，就會有效果。例如，「那時我也在煩惱該不該買，但是買下來真是對了！我每天都用，越用就越感覺到效果！」、「雖然當時覺得有點貴，但是真的物超所值！我只要這個，再也不會選其他的！」當你聽到之後，會覺得「是喔，果然有效啊！」就買了。贊同他人的想法，確信自己是正確的，但其實這種共識只是一種錯覺。

■稀有原理（Hard-to-get Technique）

　　所謂hard-to-get，是指很難買到的意思。即使是不怎麼想要的東西，但是一聽到「剩下○個！」，人就會對稀少的東西感到特別有價值。利用這種心理，「前50位購買者，可獲得首批限量CD」、「限時特賣還剩1小時20分鐘！」附有這樣的文案，就會有效果。

■虛榮效應（Snob Effect）

　　人都是喜歡被特別對待的，如果寫上「特價只限於看到這個廣告的你」、「收到簡訊的你才有」等說詞，傳達給對方「對我而言，你是特別的存在」、「特別的優惠只給特別的你」等訊息，就能抓住對方的深層心理，贏得信賴或好感。

■夏蓬特錯覺（Charpentier Illusion）

這是由人的錯覺所產生的心理效果。例如，「15kg的鐵」和「15kg的紙箱」，你會不會覺得15kg的鐵比較重呢？

這也能活用在廣告文案上。例如，比起「100位顧客可得到5％的折扣！」這種平鋪直敘的說詞，「100人當中，5人可抽中免費折價券！」的感覺比較划算吧？另外，和「添加維他命C2000mm」相比，聽到「含檸檬1000顆的維他命」的說法，是不是讓人覺得後者的維他命含量更多？像這樣以數值來表現，試著寫出讓人更容易理解並印象深刻的內容吧。

■卡利古拉效應（Caligula Effect）

如果聽到「請絕對不要看裡面！」這句話，你會怎麼想？越被禁止就越想試試看，這就是卡利古拉效應。便利商店的雜誌被塑膠封膜封住，也是使用這個效應的一個例子。「聰明的人請絕對不要買」、「不想認真工作的人請不要來本公司應徵」等等，藉由大膽的禁止來提高困難度，反而會引起人的高度興趣，進而獲得信賴感。

■蔡格尼效應（Zeigarnik Effect）

看電視節目時，剛好在最關鍵的時間點進廣告，相信你一定有這樣的經驗吧？像這樣在未完結的狀態下，會一直在意接下來的事，這就稱為「蔡格尼效應」。「想看接下來的內容請按這裡！」、「想讓你每個月的保險金變便宜，請繼續看下去！」像這樣的內容，可以在廣告影片的最後，當成最後的推坑術語。

■認知失調（Cognitive Dissonance）

因為矛盾的兩件事情同時存在，不知為什麼會變成這樣而緊張擔心，利用消費者這種心理的手法。例如，「如果想要提高業績，就不要跑業務！」、「如果想要存錢，就把薪水全部用光」這類文案。觀眾會覺得被人

否定自己的想法，在心中產生壓力，為了緩解壓力，變得容易接受別人提議的內容。

　　能活用在文案上的心理學還有很多。但是，在思考文案時最重要的一點，是要使用適合閱讀對象的字彙。具體上來說，①中文、英文、數字的排列要看起來均衡易讀。②縮減成簡潔又可瞬間看懂的字數，③不要使用業界的專業用語（針對小眾市場的目標客層或關係密切的對象例外），以上三項都是重點，請謹記在心。

Chapter

234567

Section 05
找出目標族群的焦慮點

▌針對這個焦慮點來為商品或服務「命名」

「命名」是能將顧客想要的商品或服務瞬間傳播出去的要素之一，無論是從字面上看到的，或是用聽的、唸出來都很強的命名，對業績會有很大的幫助。例如，日本從前有一項稱為「保濕面紙」的商品長期滯銷，在改名為「鼻名人」之後，居然業績急速增加；知名的飲料品牌「茶裏王」也是一個例子，如果名字只是簡單的「綠茶」，相信品牌認知度不會這麼高。

讓讀者一看就有印象、有親近感，這就是「命名」的重要性。對商品或服務的名稱多花費一點心思，能夠促使消費者進一步了解這個產品，帶動業績提升。

這樣的狀況，也適用在廣告影片。例如，日本最大的房屋建商「大和房屋」（Daiwa House）的廣告影片中，藉由「家事共享家」的命名，提倡「家事要由家裡的每一個人共享」的觀念，分工合作的環境就此誕生。家事不是用「分配」的，而是「共享」的。把這樣的設計命名為「家事共享家」並且商品化，重新建構更好的生活動線或家具擺設，讓家人的生活更融洽。這就是一個藉由「命名」而產生商品力，帶動銷售的優秀廣告範例。

在大和房屋「家事共享家──解決沒有名字的家事」的廣告影片中，經由成功的命名，瞬間傳達服務優勢。

網址 https://www.daiwahouse.co.jp/jutaku/lifestyle/kajishare/

各大社群平台的廣告影片企畫方式

065

06

找出關鍵字以方便讀者搜尋

▍活用熱門關鍵字

設定好目的或概念之後，為了讓文案更有吸引力，要找出關鍵字。雖然你一定很想要立刻把文案做出來，但在這裡要忍耐一下。比起以直覺或隱約想到的念頭來製作，還是先篩選出最適合的關鍵字吧。因為，「找出關鍵字」就等於「找到愛的語言」。

祕訣是**從想引起變化的「訴求」來找出最佳字彙**。例如，如果「調味料」的訴求為「讓廚藝不佳變好」，那麼「讓廚藝不佳變好」這件事可以衍生出「變好吃」、「開心」、「不外傳」、「笑容」等各式各樣的關鍵字，再從其中的每一個去找出聯想的東西。

但如果只是在自己的腦子裡想，很快就會遇到瓶頸，所以請善用網路搜尋的關鍵字候選。例如在網路上搜尋「讓廚藝不佳變好」，就會出現「克服廚藝不佳」、「零廚藝食譜」、「想讓廚藝變好的獨居生活」等等，會出現很多關鍵字（也是用戶最常搜尋的關鍵字）。看了這些字彙或短句之後，就能得到新的靈感。這個方法在命名的時候也很有用，可以從網路熱搜關鍵字之中發現新的切入點。

Section **07**
廣告影片基本上只有兩種格式

▌廣告影片分為「真實見證型」和「使用說明型」

　　主動造訪官網的人，大部分是對商品已經抱有興趣的現有顧客或粉絲，而在YouTube或社群網站推出的廣告影片，也是篩選過客群的作品，因此放在網路上的廣告影片與電視廣告不同，基本上是針對「對自家公司商品或品牌有基本認識的人」。像這樣目標族群明確的影片，就屬以下兩種影片的表現方法對業績最有貢獻：第一，像私下對話般的「真實見證型」影片，第二是仔細且淺顯易懂的「使用說明型」影片。

　　和廣告影片相比，大多數電視廣告的製作目的是「一般大眾」，任何人看了都會開心；而網路上的廣告影片，說得極端一點，原本就是對某內容關心的人才會點擊的，所以如果像電視廣告一樣過度有衝擊力或娛樂性，反而會造成阻礙。

▌用「真實見證型」影片來快速圈粉

　　所謂「真實見證型」影片，就是直接和觀眾對話，一種簡單又傳統的手法。即使是愛的告白，一旦修飾得太過頭，反而很難了解到底是喜歡還是討厭，比起這樣，不如直接向對方說「喜歡你」，先不論結果如何，但至少能正確表達自己的心意。

　　因為是正面突破，簡潔俐落會成為這個廣告的姿態，所以只要能讓對方願意聽自己說話，可以說是成功了一半。如果對方是多少對你抱有好感的主要目標對象，那麼直接告訴觀眾能夠解決煩惱的方法，就是有效的內容。例如，日本伊萊克斯的「洗淨精品衣物 My gentle wash」的影片中，廣告從

「你是不是覺得精品衣物不能自己洗呢？」這個問題開始，教大家用投幣式洗衣機就能烘羊毛、洗淨喀什米爾毛衣等高價衣物的方法。這個影片不僅是直接和觀眾對話的「真實見證型」影片，因為帶有教學成分，同時也是「使用說明型」影片。

像這樣和朋友聊天一般說話的簡單模式，是這部廣告影片的基本設定。除此之外，也推薦兩人對談、像新聞主播般播報，或是獨白式、說明式等等，揣測觀看者的心理，試著用「直球對決」的方式，和觀眾拉近距離吧。

日本伊萊克斯的「洗淨精品衣物 My gentle wash」。
網址 https://www.youtube.com/watch?v=Ay2FXGfxw8o

! Point
建議使用「真實見證型」影片的情況
- 商品目的和目標對象很明確的時候
- 比其他公司的商品更優質，想要展現這種自信的時候
- 不想要打持久戰，想要在短期內看到效果的時候

▌用「使用說明型」影片促使人購買

「使用說明型」影片的重點是<mark>傳達商品或服務的用法或祕訣</mark>。這是抓住使用者不會去詳讀紙本使用說明書的心理，因此用影片來傳達商品的細微差異，或是把複雜的情報用淺顯易懂的方式傳達，就能引起觀眾的購買欲。例如，在日本肥料公司HYPONeX發布的廣告影片「美味小黃瓜的培育法～修剪法篇～」之中，詳細解說如何培育出好吃的小黃瓜，也示範了種植時的「修剪法」。

由於智慧型手機的普及，採用「使用說明型」影片來取代紙本使用說明書的企業也越來越多。除了介紹商品的使用方法，也能夠讓新商品的認知度提高，進而促使潛在客戶購買，所以其利用價值只會越來越高。

日本肥料公司HYPONeX「美味小黃瓜的培育法～修剪法篇～」。
網址 https://www.youtube.com/watch?v=jWowgr3duT4

! Point

建議使用「使用說明型」影片的情況

- 只用照片或文字很難傳達商品優點的時候
- 想傳達與其他商品之間細微差異的時候
- 顧客有購買意願時，降低顧客的不安
- 想提高購買欲的時候

Section **08**

不是單純的起承轉合，
而是「合＋起承轉合」

▌廣告影片一開始就要吸引人

上網的人，是用「往前傾」的狀態快速瀏覽畫面，跟看電視的放鬆狀態不同，會急著要找到想要的資訊。對於自己關心的資訊，才會將目光停留；但如果跟自己沒有關係，看一瞬間就會跳過去，因此廣告影片的**吸引力很重要**。在想腳本的時候，通常會使用「起承轉合」的結構來思考，但為了迎合「想早點知道結果」的觀看者需求，建議用「**先告知效果，再來想起承轉合**」的結構來組合腳本。

試著用一個真實範例來實驗看看吧！例如，現在有一項如下所述的廣告影片：

> ㉒這個營養補充品包含對減重有益的酵素和90種營養素。
>
> ㉝因為添加了可抑制飢餓感的〇〇成分，即使肚子餓了也不會焦慮。
>
> ㉟其實，這個營養補充品特別受想減重的男性歡迎。
>
> ㉠1天1粒這個營養補充品，讓你腰圍平均減7cm。想買請看這裡！

在電視廣告中，會用如上的表現方法來講述一個故事，也就是最常見的「起承轉合」結構。也就是說——

起……做為故事的開場，前提說明（為什麼需要這個營養補充品？）

承……事情發生了（為什麼營養補充品很好？實際成效）

轉……解決這件事情或問題的轉機（推薦給誰？）

合……會發展出什麼結果（要買這個營養補充品的理由）

每個部分各自含有這樣的用意。

但是，觀看網路上的廣告影片時，因為觀眾就是很性急，大多數的人都想要趕快知道結果。因此，其內容要從有吸引力的地方開始，沒有時間做太多鋪陳，如果影片的一開始沒辦法引起觀眾的興趣，之後再多說什麼有幫助的話，觀眾也不會看到最後。

在這個廣告影片中，顧客最想知道的事，是對自己有什麼好處，也就是「腰圍平均減7cm」。因此，在廣告影片中，要像下面一樣，使用「合＋起承轉合」的結構來組合。

> 合 一天一粒，讓你腰圍平均減7cm！
>
> 起 這個營養補充品包含對減重有益的酵素和90種營養素。
>
> 承 添加了可抑制飢餓感的○○成分，能輕鬆達成瘦身的目標。
>
> 轉 其實，這個營養補充品特別受想減重的忙碌男性歡迎！
>
> 合 1天1粒這個營養補充品，讓你腰圍平均減7cm。未來的型男！想買請看這裡！

看得出不同嗎？像這樣先說吸引人的結論，對方就能提早看見「解決煩惱後的畫面」。比起冗長的前提，如果先引起他的興趣，後面不管說明有多長，對方都會有耐心聽你講下去。前提是「不要讓人失去興趣」，因此請先從結論開始說起吧！為了不要讓人在觀看後失去興趣，最後也請別忘了加上有特色的動人結語。

把腳本做成「文字腳本」和「分鏡腳本」

▎製作「使用說明型」影片，有文字腳本就能順利進行

　　智慧型手機製作的廣告影片，不一定要製作出完整的腳本。為什麼呢？因為網路廣告不像電視廣告，需要有整個團隊的工作人員一起拍攝，而是一個人就可以完成，所以可以用很有彈性的方式，循序漸進地完成廣告影片。不過，如果是「真實見證型」影片，因為要盡可能一直看著攝影機說話，如果是初次拍攝，建議準備好完整的原稿；如果是「使用說明型」影片，則是要準備好「哪個部分要說明什麼」的文字腳本，事先做好這些準備工作，就能減少失敗。

▎準備好詳細的文字腳本就可以開始拍攝

　　文字腳本，如同字面上的意思，就是把要拍攝的腳本，用文字來說明的東西。從一開始鏡頭在時間列上的設定或標示狀況、拍攝中要說的台詞等等，如果要製作以談話內容為主的「真實見證型」影片，準備好文字腳本可方便作業。當然，因為只有文字說明，比起用圖片來輔助，可能還是有不夠明確的地方。但是，以智慧型手機製作的廣告影片，優點是拍攝時的過程很簡單，大部分的情況下也只需要一個人和腳架即可獨自拍攝，**只要用心寫好文字腳本，就可說是很足夠了**。文字腳本的範例，請見下頁圖3-5的說明。

1. 登場音效配上輕快的背景音樂。

　男性大大的肚子的取鏡加上標題。

　腰圍平均－7cm！1天1粒營養補充品！

2. 在排列著商品的桌子前面，幾位女性帶著笑容開始談話。

　「○○，因為含有減重酵素和90種營養素，所以不管在工作中或是節食時，都能有效抑制飢餓感，在無壓力的情況下，就能快速達成減重目標」

　配合台詞，在畫面下方出現評語的字幕（之後的鏡頭也是）。

3. 女性手指的地方出現酵素和主要營養素的名稱。

　「其實，這個營養補充品也很受想減重的男性歡迎」

4. 商品特寫

　「這個營養補充品只要1天1粒，腰圍就能平均減去7cm！」

5. 手拿著商品的女性，用結語的一句話來促進購買欲望。

　「未來的型男！　想買請看這裡！」

圖 3-5 文字腳本的範例。

如果是團隊作業，最好要準備分鏡腳本

　　對於用智慧型手機製作的廣告影片，並不一定需要製作分鏡腳本，但如果是人數較多的拍攝團隊，為了讓所有人對影片內容達成共識，準備好分鏡腳本的話，拍攝起來會更順利。分鏡腳本不需要高超的繪畫功力，用簡單粗略的素描就可以，前提是要讓大家都能理解你想傳達的內容。分鏡腳本的範例，請見第74-75頁的圖解說明。

微笑的男性　微笑的女性　生氣的表情　困擾的表情

向上　向下　向右　向左

圖 3-6 分鏡腳本用簡略化的圖形也OK。

說明背景或狀況　　什麼樣的構圖或取鏡呢？　　　衣服或表情的說明

台詞　　　　　廣告文案　　　　音樂種類的指示　　每一個分鏡的時間

圖 3-7 分鏡腳本需要的項目內容。

文字說明	標題	台詞
男性大大的肚子 標題是關鍵	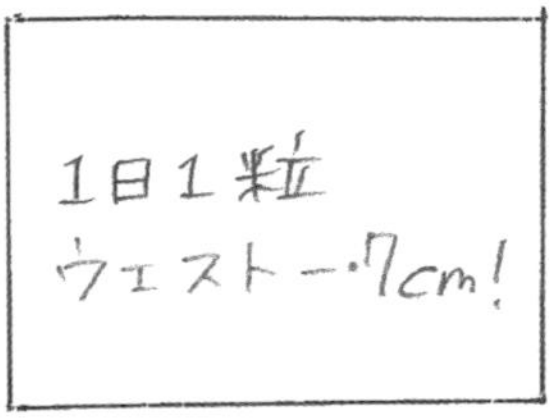 1日1粒 ウェスト−7cm!	登場音效 輕快的背景音樂
在排列著商品的桌子前面，女性開始說話		女性 「〇〇，因為含有減重酵素和90種的營養素，所以不管在工作中或是節食時，都能有效抑制飢餓感，在無壓力的情況下，就能快速達成減重目標」
出現酵素和主要營養素的名稱		女性 「其實，也有很多男性訂購，是適合減重的營養補充品」
商品特寫	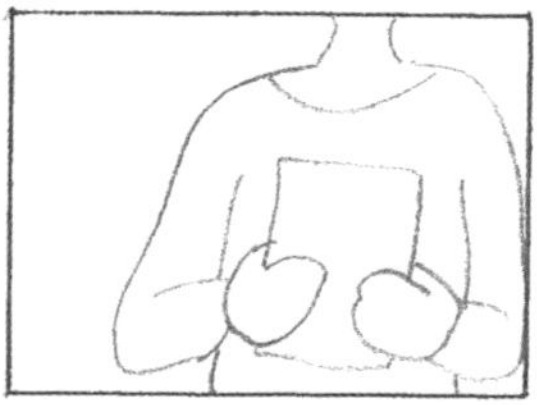	女性 「這個營養補充品只要1天1粒，腰圍就能平均減去7cm」
手拿著商品笑容滿面的女性		「未來的型男！ 想買請看這裡！」

圖 3-8 分鏡腳本的手繪範例。

10

如果保證叫好又叫座，
用老梗也沒關係

▌讓影片印象持續深植人心的優勢

成功的電視廣告，會利用登場人物的設定或吸睛的擬人化吉祥物，以統一的廣告表現形式推出，讓觀眾容易認識商品或服務的形象。在網路上的廣告影片，也可看到下了各種工夫、把形象架構化（讓人一看就知道是該品牌）的案例。

如果擁有自己公司的專屬形象，並且能讓客戶持續支持並愛用的話，這就是成功的廣告影片。雖然方法五花八門，但以下要從最淺顯易懂的案例開始，介紹保證能夠讓廣告影片叫好又叫座的架構。

■吉祥物化

什麼是「吉祥物」呢？像是日本的「熊本熊」，台灣7-11的「OPEN將」或Mister Donuts的「波堤獅」等等，都可以說是代表性的吉祥物。如果能夠打造出受歡迎的吉祥物，就能製作出有親近感或點擊率高的廣告影片。

想要成功打造出一個有效果的吉祥物，最重要的是要持續宣傳，因為一開始這個擬人化的物體完全沒有名氣，所以一定要想辦法提高大眾對此吉祥物的認知度。做為商品或企業的門面，將它人格化並持續培育是有必要的。宣傳的要點，包括向大眾說明為什麼會有這個吉祥物，如果帶有一點像人一樣的「弱點」，很可能就會變成長期受到喜愛的吉祥物。例如，下一頁頭戴電視機的「MARK先生」，就是由一家日本公司職員扮演的吉祥物，其弱點就是「不能露臉」，卻因此更受歡迎。

MARK先生：創造集客式內容行銷的影片常識。

網址 https://www.youtube.com/watch?v=n6tQ6pKslMw&list=PLAMtDllcBiPakea2B
qxvzq54p1liHcPyd

魔法的法則！尋找範本直接模仿

　　日本一家飲食連鎖集團招募職員的廣告影片中，內容模仿一般民眾都看過的公職招募廣告，都是以「主人翁的故事」→「中間穿插採訪」→「主人翁的故事」為順序，雖然描述的業界完全不同，但是因為「似曾相識的趣味性」，這個廣告給人留下深刻的印象。

　　即使是模仿，但世界上的廣告這麼多，以好的意義來看，也有很多用「向經典致敬」的感覺來模仿的廣告。例如「貓說話的廣告」變成「狗說話的廣告」、藥品的廣告結束時總是有「叮咚！」的音效等等，直接模仿的成功案例非常多。

日本德島縣公職人員招募廣告。

網址 http://youtu.be/
dLgNRdL2kQQ

日本MT GROUP職員招募影片。

網址 http://youtu.be/
ELYjqT4ogS4

「立刻圈粉」的表現手法

▌讓自家公司的廣告影片品牌化

　　不管是學歷再高、頭腦如何清晰的人，如果不溫柔、不體貼，或是用字遣詞總是艱澀難懂的話，誰都不願意多看他兩眼吧？因此，相同性質的商品，如果你能把自家產品或服務內容，做出比其他廠商更親切的詳細說明，對方的反應也會大大不同。

　　所以，針對「運用廣告影片來和人溝通」這一點，為了能把自己的品牌推廣出去，必須先創造出品牌價值。

　　建構一個品牌的價值，可分為「功能性價值」和「情緒性價值」這兩種。所謂「功能性價值」，是指商品或服務的性能、品質、用途等等；而相對於此的「情緒性價值」，是指商品或服務的設計、個性、感覺或體驗。

　　乍看之下，或許你會覺得功能性價值比較重要，但不管功能性價值如何優越，只有這樣是無法感動人心的。人在對什麼事物感到有「魅力」的時候，例如看到它就會覺得心情愉快，或是使用它就會湧現興奮的情感等，這些伴隨著情緒的價值，是讓人「心動」的要素，因此這兩種價值都很重要。而且，關於產品的性能或品質，在要推出廣告的時候就已經大致上底定、無法變更，但情緒性價值卻能夠配合應該鎖定的人物誌或目的來量身訂做。

　　那麼，接下來讓我們來看看在製作廣告影片時，必須具備的「品牌化」要素吧。

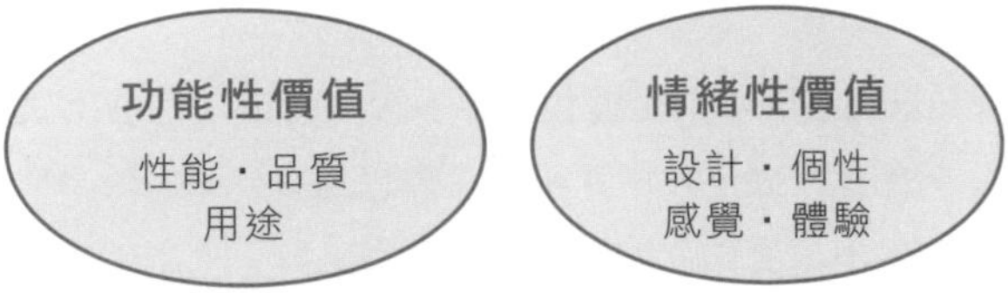

功能性價值
性能・品質
用途

情緒性價值
設計・個性
感覺・體驗

圖 3-9 取得功能性價值和情緒性價值的平衡很重要。

▌廣告影片的品牌化

在思考廣告影片的品牌化時，需要注意以下幾個重要的因素，接下來讓我們來仔細探討。

■考量設計

請思考一下**從對方（人物誌）來看，你（品牌）看起來如何呢**？例如，假如你現在要跟喜歡的人去約會，約法國餐廳的話，你不會穿涼鞋去吧？約遊樂園的話，你不會穿西裝或禮服去吧？你會在意戀人的想法，希望能做出對方喜歡的打扮，所以會考量到衣著或行動合不合宜。在認知心理學中，認為人在剛開始接觸到事物的時候，會以最初的0.2秒來做「直覺性的取捨選擇」，接下來的0.2秒，做「合理性的取捨選擇」。簡單來說，如果沒有在最初0.2秒的「直覺性的取捨選擇」下生存下來的話，那你的品牌就會從對方的選擇中被排除。

一般認為廣告影片都是用最初的3秒抓住人心，但喜歡或討厭等判斷，卻是在更快的瞬間就決定了。不過，假如你的品牌設計，和你的目標對象當時的情緒剛好契合的話，對方會對你的品牌感到「開心」，很有可能會長期愛用。舉一個最貼切的例子，那就是現在當紅的YouTuber或電視節目，都是在做讓觀眾會「開心」的品牌。廣告影片也是同樣的道理，想要讓你的品牌在瞬間圈粉，請先決定好吸引人的LOGO、顏色或衣著等設計吧。

■決定顏色

　　YouTube是紅色，Google是藍色，很多企業都成功創造出讓人有印象的
「品牌顏色」，如此一來，大眾就夠輕易聯想到該公司的營業型態，同時也
和其他競爭品牌做出差異化。因此，你的廣告影片，也請先決定好能讓人瞬
間想起你的**品牌顏色**吧。

說到可口可樂就是紅色

足球日本代表隊是藍色

說到林家平、林家波子就是粉紅色

註：日本搞笑藝人夫婦，喜歡全身粉紅色的打扮。

圖 3-10 優秀的品牌都有形象色彩。

■注意表情與說話方式

　　演出者的表情或說話方式，對你的廣告影片也有很大的影響。如果是要
打造完美曲線的健身房，就要用「爽朗」的表情或語氣，如果是法律事務所
的廣告影片，就應該用「穩重有信賴感」的表情或說話方式。在影片中說話
時，注意要用比平常開朗15％左右的聲調來說話，像是要把喜悅傳遞給喜歡
的對象一樣。

整體包裝要有一貫性

根據目的或想說服的對象（人物誌）的不同，也要注意演出者的服裝。使用讓人聯想到某行業的顏色或象徵性的制服，製作廣告影片時，表現方法有一貫性是很重要的環節。

醫療相關產品是白衣　　運動相關產品是運動服　　如果扮演律師就要穿西裝

圖 3-11　衣著打扮要保持一貫性。

■用姿勢來贏得喜愛

電視上的生活資訊節目，常常會有特定台詞或特定姿勢。想一想，那些讓你留下深刻印象的電視藝人，是否會善加利用特定姿勢？例如，兒童台水果姐姐們打招呼的樣子，常常是用兩手打開的姿勢開心說：「早安～！」，以及感冒藥的廣告中，大多會配合「叮咚」聲，伸出手指說「咳嗽OUT！」等等，都是大家熟悉的特定姿勢。

用一個小小的動作，就能受到對方的注意，也很推薦在做影片總結時使用。因此，請試著開發出適合該產品的動作吧！讓人感到容易親近的動作，很可能會讓業績大大提升。

▌放上LOGO增加觀眾印象

　　不只是大企業，就連中小企業或個人經營的商店，應該都要有**LOGO商標**。因為這將成為你的品牌象徵，所以在你的廣告影片中，最好也要曝光你的商品LOGO。至於實體店家、官網以及印刷品，在可以印上LOGO的地方，都要盡量讓LOGO曝光。如果你的品牌沒有LOGO，建議現在就以這個製作中的廣告影片的目的或人物誌，設計出適合的LOGO。即使一開始只是普通的字形和顏色，都會比什麼都沒做來得強。

　　為了有效宣傳LOGO，要特寫商品上的LOGO或商店LOGO等等，品牌形象力求清楚明顯，如果實體商店的招牌有使用LOGO，即使影片中只拍這個招牌，也有不錯的宣傳效果。

　　另外，使用LOGO也能留給觀眾強烈的印象。例如在日本福岡大川市，有一家標榜全手工製作的「大川家具」，廣告影片裡只使用「大川家具」的LOGO做成動畫，用LOGO以動畫表現出「椅子」、「桌子」、「床」等家具。因為LOGO本身變成了廣告影片，所以不僅是LOGO還是產品，都成功留給觀眾十分強烈的印象。

CHAIR

　　另外，製作好LOGO商標後，在要進行影片播放時，要注意LOGO是否與他人的商標過於近似或相像，否則有違反商標法的疑慮。

日本福岡大川市品牌廣告
「LOGO Motion」篇。
網址 https://www.youtube.com/
watch?v=9_E-r7RBpwc

■字幕也要有一貫性

　　用智慧型手機來看廣告影片時，為了讓觀眾更快獲得資訊，最簡單的方法就是上字幕。因此，不只是LOGO的出現方式，字幕的出現方式也要好好思考要如何設計。注意，請選擇能保有品牌形象、配合行銷目的的字型，整

部影片要決定好一款基本樣式，不要任意更換字型，保有一貫性是很重要的。

　　例如，以飲食和旅行為主題的全球性影片網站「Taste Made JAPAN」，推出介紹料理或甜點作法的廣告影片。這部影片的字幕設計非常優秀，材料或步驟說明都會在恰到好處的地方顯示，

【食譜】綿密香濃的濃厚抹茶法式甜點的作法。

網址 https://youtu.be/ GRsW9GSNMkQ

讓觀眾一看到就覺得「自己也能簡單辦到」。字幕不是在下面播放，而是放在材料的旁邊，或是只有文字放大等等的用心設計。這部影片即使不播放聲音也很精采，是一部效果極佳的廣告影片。

■利用小道具來拍攝

　　拍攝場所或影片中會拍到的道具，可以說和商品一樣重要。例如，製作時尚配件或化妝品等的廣告時，如果選在隨便一個場景，使用一些路邊攤買來的廉價品來拍攝的話，即使廣告的商品本身是精品級，看起來也會變得很寒酸。

　　例如，日本童裝網路商店「devirock」的廣告影片中，所拍攝的主打商品當然就是童裝，而這部影片的背景，大膽選在一個什麼都沒有的場所，反而讓商品更加突出。衣服搭配的配件，選用孩童風格的可愛物品，營造出愉悅的氛圍。在模特兒的旁邊標示商品價格，也成功宣傳了低價位，是一個值得參考的範例。

日本童裝網路商店「devirock」促銷影片。

網址 https://youtu.be/4bSbV-FPgpw

■用音樂營造氣氛

在影片中播放音樂,能讓影片變得更吸睛。現在,在網路上能找到很多沒有著作權的音樂,請根據你的目標對象,好好選擇合適風格的配樂。要特別注意的是,有些音樂雖然沒有著作權,但或許有規定不可使用在商業用途,如果未經許可即使用於商業用途,等同於侵害著作權,使用前,請務必閱讀相關法規。

■用聲音商標強調品牌

做為品牌的宣傳方法,以聲音來傳達形象的象徵,稱為**聲音商標（Sound LOGO）**,像是國人聽到「新一點靈B12」、「MR. BROWN咖啡」,就會立刻想起廣告中的品牌旋律,都是成功的範例。因此,LOGO商標也可以和聲音結合,讓觀眾對品牌留下印象。這是一項可以提高宣傳效果的方法,建議在你的廣告影片中也要加入這個元素。

> Chapter **4**

廣告影片的拍攝
方法

製作廣告影片需要的器材，只要有一支智慧型手機就夠了。請試
著對著鏡頭，從做些簡單的自我介紹或介紹公司商品開始吧！這
個時候，只要比別人稍微多用點心，就能讓你的影片看起來截然
不同。本章的重點，就是要告訴你這些訣竅。

Section 01

只用手機拍攝就OK，
但手震就NG！

▌固定在腳架上，拍攝出能安心觀賞的影像

　　智慧型手機的攝影功能已經變得非常強大，現在甚至有公開播放的商業影片，是用智慧型手機拍攝完成的，其性能和昂貴的攝影機相差無幾。因此，廣告影片的拍攝也不需要準備昂貴的器材，只要一台手機就夠了。

　　但是，拍攝時要特別注意的是**避免手震**。不管是如何吸引人的文案，或是讓人一看就想買的商品呈現，一旦影片畫面晃動，就完全不會有人想看。

　　為了防止這種情形發生，最好的方法就是**使用腳架**，並且要用智慧型手機專用的腳架。因為手機的重量輕，如果使用腳架較細的相機專用腳架，會因屋外風大或被攝物的動作較大而影響拍攝，所以請務必選擇智慧型手機的專用腳架。

　　如果本來就有適合的腳架，只要另外購買手機夾來安裝在腳架上即可。預算不高的人可以購買簡單的可折式迷你腳架（八爪章魚腳架），而這個手機架也能裝設在攝影機專用的腳架上使用。

如果用手拿著拍攝，很可能會產生晃動。

智慧型手機專用的腳架。

裝設腳架拍攝是防止手震最有用的方法。

可折式迷你腳架（八爪章魚腳架）。

使用八爪章魚腳架的話，可以掛在各種
東西上面拍攝。

在腳架上裝設手機架的樣子。

▍不得不拿在手上拍攝時，防止手震的方法

　　為了防止手震，使用腳架是最保險的作法，但畢竟不是所有人都會隨身
攜帶腳架。幸好，最近的智慧型手機，手震補正功能愈來愈優秀，不太會出

現手震到很離譜的情形。不過，如果一定要用手拿著拍攝的時候，請避免單手拿手機，拍攝時要夾緊腋下，盡量保持水平。如果有能固定身體的東西會更好，例如把身體靠著牆壁或樹幹等等，或是將手肘放在椅子或箱子上固定住。

　　邊走邊拍的時候，因為要盡量避免震動，所以請留意走路的姿態。走路的時候，膝蓋請稍微彎曲，身體盡量不要上下動作；腰的位置要固定，手肘不要貼著身體，以減少身體的衝擊力。

　　像這樣邊走邊拍的狀況，適合拍視野廣闊的影像。如果放大特寫或太靠近物體，震動容易變大，造成畫面變得雜亂，影片的品質就會不好。

走路的時候，手肘不要貼著身體，腰稍微放低、膝蓋保持彎曲以吸收衝擊力。

靠著牆壁拍攝，身體較穩定，就能拍得比較好。

手肘靠著椅子或箱子等穩定物來拍攝。

Section 02

對全身或半身拍攝要有基本認識

▎掌握尺寸，用適當的鏡頭來拍攝

　　這裡所講的「尺寸」，是指相對於拍攝時的取景距離，也就是「被攝體」的大小。預先了解每個不同尺寸所帶來的視覺效果，在拍攝的時候，就能決定最適當的取景範圍，所以請先來了解每一種取景的概念吧！

■全景

　　這是被攝體全體入鏡的尺寸，如果是拍攝人物，就是從頭到腳都入鏡。被攝體全體都看得到，同時也能看清楚人物或物體與周圍環境的關係。

全景

■中景（胸上景）

　　從人物的腹部到胸部為起點到頭頂入鏡的尺寸；如果是物品，大約是一半的大小。這個尺寸能呈現被攝體的表情，同時能顯示和背景之間的位置關係。在「真實見證型」影片中經常使用此取景，能讓環境和表情看起來有良好平衡。

中景（胸上景）

■特寫

　　如果是人物，是靠近臉的尺寸；如果
是物品，則是呈現最想給人看到的部位。
適合用在想強調細節，或是想要表現人體
或臉部五官的某一局部部位時。

特寫

■遠景

　　遠景包含的景物範圍最大，比全景更
能看清周圍狀況或全體樣貌，主要表現遠
距離人或物以及周圍廣闊的自然環境和氣
氛，甚至沒有人物參與，作用主要是為了
展示巨大空間，介紹環境特點。全景和遠
景的差異是，全景包括拍攝對象的全貌和
其周圍的部分環境，有非常明確的視覺主體。

遠景

Section **03**
拍攝角度不同，
結果會有很大的差異

▎不同的狀況，使用不同的攝影視角

所謂攝影機視角，是指攝影機的「取鏡角度」，也就是朝向被攝體的攝影機高度。如果是傳達一般訊息的影片，用視線的高度（水平視角）來拍攝是最常見的方式。依照視角的上下，觀眾會對被攝體產生不同的感覺。

■高視角（從上俯視）

攝影機從上拍攝的俯視角，也就是「俯瞰」的角度。如果被攝體是人物的話，會給人寂寞或柔弱的感覺，所以不建議在「真實見證型」影片或訪談時使用。這個視角適合使用在廣闊熱鬧的場所，例如戶外活動。

高視角（從上俯視）

■水平視角（和地平線平行）

一般的「真實見證型」影片或訪談影片中，通常都是用這個視角來拍攝。雖然這是最具安定感的視角，但如果一直持續用這個高度，會給人過於單調的感覺。

水平視角（和地平線平行）

■低視角（仰視角）

　　能讓高的建築物看起來更高、讓有權
威的人看起來更有權威。但是，因為是會
給人威嚇感或恐怖印象的視角，所以請避
免使用在談話性影片。

低視角（仰視角）

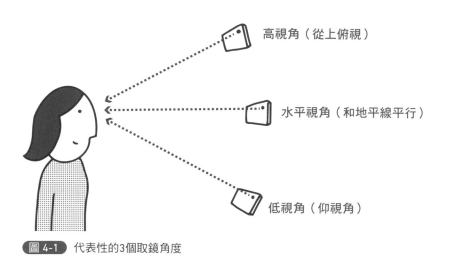

高視角（從上俯視）

水平視角（和地平線平行）

低視角（仰視角）

圖 4-1　代表性的3個取鏡角度

Section **04**

學會基本構圖，
加深影片給人的印象

▌大大改變影片印象的四個構圖

　　相對於攝影機的取鏡角度，被攝體的「配置」則稱為「構圖」。攝影時有幾個基本構圖法則，只要好好掌握，你的畫面看起來會更完整。

■中心構圖

　　顧名思義，就是把主體放在正中間的配置，可以說是最基本的構圖。簡單又淺顯易懂，能確實捕捉說話者的主張。如果被攝體是商品，是最容易受人注意且能顯示強烈存在感的配置。但是，一般在拍目錄照片時會避免使用，因為讓人感到過於保守，沒什麼變化。

中央的配置

■三分法則

　　水平和垂直方向都被分成三份，形成了九宮格。一般認為在線交叉的地方放置被攝體的話，就容易把觀眾的視線的動線引導到該處，而且能完成協調穩定、又帶著一點時髦感的平衡構圖。三分法適用於簡單的場景，例如人物或物體的對象是主要焦點的時候。

三分法則的配置

■對稱法（左右對稱）

　　左右對稱的構圖看起來非常穩定，能給人安心的感覺。在取景鏡頭中找出左右對稱的東西，注意其間的平衡來拍攝，就能拍出美麗的影像。利用和對比的東西之間的平衡感，能強調商品主圖，或是讓兩個商品對比，更能展現魅力。

對稱法的配置

■對角線構圖

　　留意對角線的位置，把被攝體放在對角線上，就能創造出「深度」，並表達出「動態感」。配置商品時利用這個對角線構圖的概念，可以打造出有景深的立體感。另外，拍攝動態物品時，如果把距離拉開一點，躍動感會更明顯。

對角線構圖的配置

▎智慧型手機的三分法格線

　　在攝影的基本構圖中，三分法能夠描繪出簡單又有品味的構圖，是一個非常大眾化的技巧。在智慧型手機上，可設定顯示此三分法構圖線的「格線」來拍攝。在iPhone和Android都有這個功能，以下介紹在iPhone上顯示格線的設定方法。

■在iPhone上顯示格線

① 進入「設定」頁面，點擊「相機」。

② 滑開後，啟動「格線」。

③ 相機開啟後，會顯示把畫面三等分的「格線」。

Section ## 05
畫面的左右配置

▍被攝體出現的位置

　　人在看影片畫面的時候，習慣上會由左側開始看。因為文字本身也是橫向書寫的，由左向右移動視線就成為很自然的事。因此，**在畫面左側的東西，會成為觀看者第一給留下印象的內容**。因此在拍攝之前，請先試著思考看看畫面的「左側」要放什麼吧！

■把人物放在左側時

　　當人物放在畫面左側並開始講話，首先，會注意到說話者的魅力，這樣的配置主要是想要「強力發送訊息」，或是想讓觀眾看到影片的第一眼就產生好感。如果是男女並列的情況，一般來說會將女性放在左側。換句話說，左側放置「讓人產生好感的人」，右側放上「標題」，比較**容易讓觀眾毫無抵抗力地接受訊息**。

把人物放在左側，比較容易讓人無條件接受訊息。

■把人物放在右側時

　　當人物放在畫面右側並開始講話，因為是在看了左側的文字訊息，才把視線往右移，在這種情況下，大多是「希望觀眾接受此人說的話」，才會採用這種配置。另外，如果要在左側上字幕，比起第一個鏡頭就秀出文案，在第二個鏡頭以後再開始，觀看者的接受度會比較高，觀眾也會比較有時間理解說話者說的內容。如果畫面裡同時有兩個人時，大多數的情況會將說話者的角色放在左側、聽話者的角色放在右側。

把人物放在右側，比較容易讓觀眾理解說話者說的內容。

06
用「Dean法則」來區分影片畫面

畫面各區塊位置所擁有的意義

　　所謂「Dean法則」，是由舞台劇導演Dean所研究出來的表演理論。這個法則，現在也被應用在廣告或海報的畫面構成上，當然也可以當作廣告影片的範本。

　　如果把畫面分成六個區塊，最重要的區塊是「右上」，如果在這個區塊出現手勢或商品（啤酒或車等）的話，會給人比較強烈的印象；相反的，從「左上」出現會營造出比較柔和唯美的印象，例如，如果有一支女性的手在左上的位置遞出寶石或化妝品，會營造出渴求此商品的氛圍。其他的區塊也有各自的印象形成，請閱讀以下需注意的要點，並且務必先記下來。

浪漫區塊 柔美感、甜美的 美麗的	權威區塊 對話、說服	意識・命運區塊 強而有力的男子氣概 廣告中最重要的區塊
沉著穩重區塊 靜悄悄、安穩的	戲劇性區塊 商品或字幕的 顯示區	一般資訊性區塊 呈現文字訊息 例如定價

圖 4-2　依據Dean法則，各畫面區塊給人留下的印象。

Section **07**

明亮的光線是影片的生命

▌間接照射的自然光最為理想

在室內拍攝「真實見證型」等介紹商品的影片時，最好要打開窗簾，盡量<mark>讓柔和的自然光照射進來</mark>。採用太陽的自然光，勝過任何其他照明設備。

▌要避免被攝體的後方過亮，也就是「逆光」

在屋內拍攝時，<mark>請避免用室外光線照進來的窗戶當作背景</mark>；在戶外拍攝時，則是不要背對太陽，因為逆光會讓臉變暗。現在的智慧型手機都能輕鬆調整亮度，拍攝前請先確認一下。

自然光在正面，臉變得明亮。

因為逆光拍攝而讓臉變暗。

不只是臉部，要以均等的亮度來拍攝被攝體

即使在室內，只要有足夠的照明範圍和亮度，也能營造明亮又健康的印象。如果是在夜間拍攝，最好要在人物正面架設光源發散度均衡的LED攝影燈。只要光線控制得宜，你的廣告影片精緻度就能大大提升。

在室內的照明。

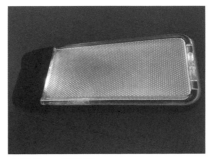
小型的LED攝影燈。

Section **08**

畫面上要預留字幕的位置

▌保留標題、字幕、劇終畫面的文字位置

不管是「真實見證型」影片，或是「使用說明型」影片，<mark>拍攝前請預留加入文字的空間</mark>。如果沒有事先留下放字幕的地方，很可能會在剪輯階段遇到困難。

由於預留這個空間裡的作用是要加入字幕的，所以請考慮到<mark>背景的易讀性</mark>。亂七八糟的背景，或是畫面上有過多顏色的話，不僅很難放入字幕，文字的樣式和顏色也不容易處理。確定要在畫面上留下一個空間上字幕的話，就要同時設想好字幕的處理方式。

例如，最想要強調的大標題放在人物右側，資料性的內容說明放在畫面左側，登場人物的評語則會出現在畫面正下方。在和這個評語的幾乎同一個地方，很可能會放上影片整體的相關文字內容，所以<mark>在拍攝的時候，要特別注意畫面下方的背景配置，要力求簡潔不可雜亂</mark>。

字幕適當的配置場所。

以方便剪輯為前提來拍攝

▎前後多3秒，進入視線的東西也要預先拍攝好

考量到影片剪輯的作業方便，<mark>開始後和結束前請多拍3秒左右的長度</mark>。因為不管是哪一種影片，在攝影師（導演）開始拍攝和喊卡時，演員很難能立刻配合開始說話或結束說話。因此，請預留在剪輯時能順利連接的影片長度，才能預防重拍的情況。

此外，只要是現場看得到的東西，最好也先多拍幾個鏡頭。像是演員手上拿的小道具，如果能多拍幾個不同視角的片段，在之後需要插入介紹用的畫面時，能當補足的鏡頭來使用，或是當成加強效果的重點。只要是你覺得可能可以派上用場的東西，建議都先拍好備用。

現場看得到的小道具，最好都要多拍一些鏡頭備用。

Section **10**
自拍時要注意視線

▌ 攝影機鏡頭要和視線呈水平，用手機前置鏡頭拍攝

　　自己一個人拍攝影片時，基本的注意事項和團隊合作的拍攝相同，但要特別注意<mark>自己是否有好好看著鏡頭說話</mark>。使用智慧型手機的前置鏡頭，就可以在畫面上看到自己，這時候的視線，一定要看著鏡頭而不是手機畫面。因為鏡頭的位置比你想像中的還要難找，擔心眼神飄移的話，建議可以先在手機上做記號。

　　還有一個自拍時常犯的錯誤，那就是使用迷你腳架從低視角來拍攝。前面的內容有提到，仰角拍的臉會給人可怕的印象，所以請將相機鏡頭擺在和自己的眼睛相同的高度。如果腳架不夠長，就拿東西來墊高，總之不要將鏡頭的位置放在比眼睛低的位置。

不要以低視角拍攝，要調整相機到能水平看鏡頭的位置。

Section

11

使用專用麥克風，收音效果更好

使用能連接智慧型手機的迷你麥克風

雖然現在智慧型手機的錄音功能已經很不錯，但如果距離一拉遠，不但會聽不清楚，還很可能會錄到附近的噪音。因此，為了能錄到更乾淨的聲音，建議購入智慧型手機用的**外接式迷你麥克風**，大約台幣幾百元就能買到。外接式麥克風也分為幾種，夾式麥克風可以固定在領口，雙手就能更好活動；還有一種外型像手槍一樣的細長型指向性麥克風，可以只收錄所朝向方向的聲音。

夾式麥克風

指向性麥克風

收錄時要注意周圍的聲音

在觀看廣告影片時，**品質好的收音**比你想像中的更為重要。如果在戶外拍攝，會有警笛聲、風的聲音或吵雜的人聲，在室內則會有背景音樂或空調的聲音等等，這些你平常不會注意到的聲音，在影片中都會變成讓人非常在意的噪音。

在拍攝之前，別忘了檢查周圍的聲音。另外，透過麥克風的放大音量，身上的首飾或戒指撞擊到物體可能都會形成噪音，這些都請先拿掉吧！

Section **12**

拍攝「真實見證型」影片的6大訣竅

▌製作「真實見證型」影片時的事前準備

在介紹自家商品或服務，也就是拍攝所謂的「真實見證型」影片時，即使是由最了解該商品或服務的人來呈現，而且要講述的內容都已經事先討論過了，但在真正面對鏡頭時，恐怕還是有很多人會緊張到說不出話來吧？

為了避免在鏡頭前頻頻NG，對於想要說話的目標對象（人物誌），必須做好一些心理建設和事前準備，在這裡介紹給大家6個訣竅：

■①先試著發出聲音，多唸幾次原稿

介紹商品的人，扮演著傳達商品概念或品牌的重要角色。如果想要精準傳達商品內容或與其他商品之間的細節差異，務必要在事前先練習過，實際拍攝時才能有自信地講出來。

■②不要看著原稿唸，把稿子背起來

在把品牌或商品推薦給顧客的時候，請盡量把原稿背下來，看著鏡頭說話吧。

看著鏡頭說話，才能讓顧客覺得「你是在對著他」說話。如果只是一分鐘左右的影片，請把要講的內容全部先背下來，避免邊看講稿邊說話。最初抓住人心的5秒和最後總結心得的5秒最重要，所以要多花一些心思做點修飾變化。

■③擁有觀眾會使用智慧型手機觀看的認知

　　大部分廣告影片都是以使用智慧型手機觀看為前提，因此被攝體的尺寸，請以中景（胸上景）到特寫的取景來拍攝吧。

■④比起影像，「聲音」更重要！請清楚大聲地說出來

　　常常在拍攝完畢後，才發現錄影時的聲音太小，導致整段都要重錄。因此在正式開拍之前，請先試著用比平常講話提高15％的聲調做發聲練習，好好地彩排一下。

■⑤廣告影片基本上使用橫向，智慧型手機請使用橫向拍攝

　　雖然Instagram等的直向影片越來越多了，但因為大多數的媒體與觀眾還是習慣觀看橫向影片，所以基本上還是一律以橫向拍攝廣告影片。

■⑥自拍的時候，視線不要忘了看向相機鏡頭

　　自拍的程序與以上①～⑤的祕訣相同，但如果是用智慧型手機自拍，請使用前置鏡頭來拍攝。特別要注意的一點，還是前面章節有提醒過的「視線」問題。因為自拍的時候，眼睛會不由自主地往螢幕看，所以建議在鏡頭的位置做記號，提醒自己好好看著相機鏡頭。使用腳架時，相機的位置要和自己的視線呈水平。

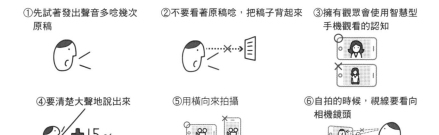

圖 4-3　製作「真實見證型」影片時的6大訣竅。

> Chapter

5

知名YouTuber
不告訴你的
獨家剪輯術

廣告影片的剪輯,可以直接使用智慧型手機的剪輯APP。只要把
拍攝的影片重新組合為適當的長度或結構、搭配上背景音樂與特
殊效果,就能變成一部宣傳力更強的影片。在本章,將為你詳細
解說剪輯影片的基本方式和具體作法。

Section **01**

了解手機剪輯APP的使用方式

▎影片剪輯的基本

影片拍好之後，根據不同的訴求或目的，有時可以不需要後製就直接上傳到官網，直接成為廣告影片。但是，為了確實傳達商品或服務的魅力與資訊，大部分拍好的影片都有剪輯的必要。

拍好的影片素材，可匯入剪輯APP後進行編輯。市面上的剪輯APP非常多，iPhone一般是用iMovie，在Android則有KineMaster（巧影）等各種功能豐富的剪輯APP。但是，像KineMaster等剪輯APP分為付費版和免費版，免費版的影片成品會被嵌入APP LOGO的浮水印，所以如果想除去LOGO，就必須花錢升級為付費版。

▎剪輯的單位

拍好的每一格影片稱為「Cut（分鏡）」，把這個「分鏡」連接起來，就能成為像文章段落一樣的「Scene（場景）」。廣告可說是剪輯每個「場景」集合而成的「作品」。

你所製作的廣告影片，也是拍好的影像連結而成的「作品」，所以請好好記住「分鏡」和「場景」這兩個專有名詞吧。

分鏡

拍好的每一格影像

場景

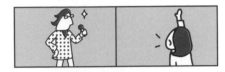

將分鏡連接起來所變成的內容

廣告

剪輯好每個場景集合而成的作品

圖 5-1　分鏡、場景和廣告。

如何用剪輯APP刪除不需要的片段

▎學會刪除與修剪影片

在本書第102頁有提到，建議拍攝時每一個片段前後都要預留3秒，方便剪輯時使用。這麼做的理由，是如果有預留影像以保持足夠的長度，那麼在發生什麼不可預測的事態時，在剪輯作業上會比較有餘裕。

接下來，在剪輯一開始要做的，就是**把影片前後多餘的部分刪除掉**。把不必要的部分刪除掉的動作，稱為「Trimming（修剪）」。Trimming的操作畫面，在剪輯APP裡是每個分鏡一格一格的帶狀顯示。不只有影片的前後可以刪除，就連演出者說話前的無聲部分、講錯話、攝影機震動或出現雜音等情況，任何不需要的地方，都可以刪除。

在影片片段中間的刪除，使用的是稱為「分割」的功能（操作方法請參考第125頁）。如果使用這個功能，就能把一個片段分成數個，把其中幾個片段使用在別的地方，也可以在影片之間加入切入點，插入別的影片。剪輯的基本作業，大致上來說就是把影片「多餘的地方刪除」、「分割」後再「排序」、「插入」。但要記住一點，剪輯出來的成品不要過於複雜，前提是要做出觀眾容易觀看的簡單內容。

影片前後的刪除

刪除	使用的部分	刪除

分割與插入

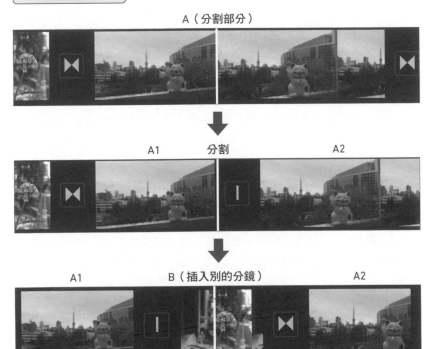

A（分割部分）

分割

A1   A2

B（插入別的分鏡）

A1   A2

圖 5-2　影片的修剪。

將剪掉的片段連接到其他部分

▌ 剪輯影片就是分鏡的排列、替換或置入

　　製作「真實見證型」影片時，將拍好的片段依序排列好即可。如果需要插入別的片段，請先把多餘的部分刪掉，再把影片重新排列，在不足的地方再置入影片。

　　剪輯影片並沒有統一的規則，但一般做法是先用鏡頭拉遠的「廣闊畫面」來掌握全體，之後再將鏡頭拉近，呈現想要集中焦點的商品，用「狹窄畫面」來呈現商品的細節，這是比較自然的剪輯方法。

▌ 相似的分鏡容易引起錯覺，盡量不要連接在一起

　　所謂分鏡排列，是把某一個片段和另一個片段連接在一起的意思。因此，如果把相似的分鏡連接在一起的話，就會變成跳接（jump cut）的效果，製作出在時空中跳轉的效果，這個呈現手法雖然有趣，但如果出現在廣告影片中，會給觀眾帶來異樣感。

　　例如，一個女性手拿商品的鏡頭，後面如果直接連接用幾乎相同尺寸和視角所拍攝的鏡頭，就會變成有異樣感的畫面。這種時候，應該在這兩個分鏡之間插入尺寸或視角不同的鏡頭，製作出自然的轉場。因此，避免影片看起來有突兀感，請預先拍好各種不同尺寸或視角的鏡頭。

異樣感

自 然

圖 5-3 相似的分鏡不要連接在一起。

知名YouTuber不告訴你的獨家剪輯術

Section **04**

上字幕能更快傳播訊息

▎即使靜音也能傳達訊息的文字情報

使用智慧型手機觀看廣告影片時，為了不打擾到別人，許多人會使用靜音模式播放。即使把聲音播放出來，如果能附上廣告標語或說明文字，更有助於觀眾快速了解商品訊息。

字幕有分為幾種，大一點的是「廣告大標」，用來補充說明大標的則是「副標」，畫面下方則是「一般字幕」的位置。

至於字幕大小的設定，除了廣告大標以外，**其他要用就算字很小也能容易閱讀的字數**。以智慧型手機的螢幕大小而言，要以「15個字以內」為基準。另外，如果不需要副標，可以直接刪除。

在剪輯APP中，可從內建的固定範本裡選擇字幕設計，詳細步驟會在第133頁說明，建議盡量選擇簡單易讀的字體。另外，字幕加入的方式也有很多種變化，在付費版軟體中會有更多選擇，等技巧更純熟後，可以考慮購入功能更多元的軟體（請參考第148頁）。

圖 5-4　iMovie的標題範例。

Section 05
背景音樂和旁白的重要性

▌利用音樂的力量來提高品牌價值

在許多企業製作的影片裡，背景音樂通常都位於次要地位，但配樂在廣告影片中，卻是能夠傳達品牌形象或訊息的重要角色。選曲時，要選擇能訴說自家公司商品或服務形象的背景音樂。例如，如果要發表新的甜點，就用流行又明快的配樂，如果是高價位的服務，就選古典又高格調的曲子，選擇配樂的第一個要點是要能夠配合影片的目的，第二個要點是要適合影片的整體設定或場景。

使用背景音樂是為了提高廣告本身的價值，但根據觀賞者的屬性與背景環境，不同的人會有不同的感受。因此在選曲的時候，不要以自己的喜好來選，要多多詢問別人的意見。

▌注意不要違反著作權

尋找影片的背景音樂或音效時，可利用的素材來源有以下幾種：

①免費提供的背景音樂
②付費使用的背景音樂
③請專業音樂人製作，得到使用許可或得到著作權授權的音樂
④向著作權人或管理者支付使用費後，得到使用許可的音樂
⑤自己創作的音樂

製作影片用的背景音樂，在影片剪輯軟體中也有內建，大部分都可以直

接使用。另外，YouTube上的「Audio Library音樂庫」也提供很多免費的背景音樂，或是在網路上可以找到不少無著作權的免費背景音樂網站。如果是製作低成本的廣告影片，基本上使用上述①和②的背景音樂即可。

旁白也用智慧型手機來收錄

和攝影時收錄的聲音一樣，影片裡的旁白說明，也可以利用智慧型手機的語音備忘錄APP錄製；如果是使用剪輯軟體中設定好的錄音功能，就能一邊看影片、一邊收錄旁白。

收錄時要注意的是，**請選在安靜不會有回音的室內**。說話的語調要清晰明確，用「和觀眾開心對話」的感覺來唸旁白。如果靠麥克風太近，會連換氣的聲音都錄進去，所以說話時不要離麥克風太近，也不要遠到聽不清楚聲音的程度，大約和麥克風保持20～30公分左右的距離。

考量背景音樂和旁白的音量平衡

廣告影片的音量平衡，要以旁白的音量為準。如果全體的音量為100％的話，那麼旁白就是70％，背景音樂則要控制在30％以下。因為在剪輯軟體中也能調整音量的平衡，所以請試著自己邊聽邊做測試。在旁白、背景音樂上各自點擊，即能調整各自的音量。

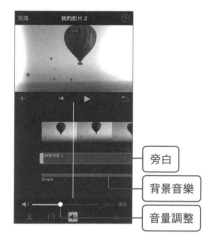

旁白

背景音樂

音量調整

圖 5-5 iPhone的剪輯APP「iMovie」的音量調整。

Section 06
如何做出自然的轉場效果
（Transition）

使用轉場效果讓分鏡之間的間斷感消失

剪輯時，如果只是把分鏡和分鏡連接在一起，有時候會有明顯的間斷感，但若懂得使用裝飾連接分鏡的「**轉場（Transition）效果**」功能，就能讓分鏡之間的連接變得很順暢。但是，使用太多轉場效果，會給人沒完沒了的感覺，請避免在短片裡過度使用。以下要介紹幾個基本的轉場效果：

• **溶接（Dissolve）或交疊（Overlap）**

一種漸進式的轉場技巧。一個場景淡出時，另一個場景淡入，淡出鏡頭的後段和淡入鏡頭的前段，同時短暫地出現在畫面上。這個轉場效果除了可以讓分鏡之間的連接變得流暢，也能夠表現從A到B所經過的時間差異或空間轉換。有些剪輯軟體在原始設定中就已經預設此轉場特效。

圖 5-6　轉場效果之一：「溶接」（或稱為「交疊」）。

• **劃接（Wipe）**

一個鏡頭自畫面的右邊向左邊移動，而劃去前一個鏡頭，或是從正中間分割開來換成下一個鏡頭。在剪輯軟體中，內建很多不同方向的劃接特效。

這個轉場效果，建議搭配「那麼，接下來讓我們看…」或「讓我們換下一個話題…」等旁白，在一個呼吸之間，就順利接到下一個場景。

圖 5-7 轉場效果之二：「劃接」。

> Chapter **6**

成為影音編輯達人
的必學技巧

上一章介紹了廣告影片的剪輯方法，從本章開始，我們要開始使
用智慧型手機來實際操作，首先登場的就是iPhone的內建剪輯軟
體「iMovie」。從匯入影片、剪輯、匯出影片到上傳至YouTube
等步驟，都會詳細解說。除此之外，更介紹了功能更多元的付費
剪輯軟體「Perfect Video」，只要花費少少的金額，就能做出表
現手法更為豐富多元的作品。

Section **01**

不只好用,而且免費!
iPhone的剪輯軟體iMovie

▌任何人都學得會!用iMovie剪輯影片

　　iMovie是iPhone內建的經典剪輯APP,因為簡潔直覺的操作方式,擁有不少擁護者。本篇會介紹iMovie的基本剪輯方式,帶你一步步了解如何匯入要編輯的影片、匯出完整影片到上傳社群平台。即使你是剪輯影片的初學者,也能快速完成具有質感的廣告影片。

　　以下是iMovie的基本操作流程。

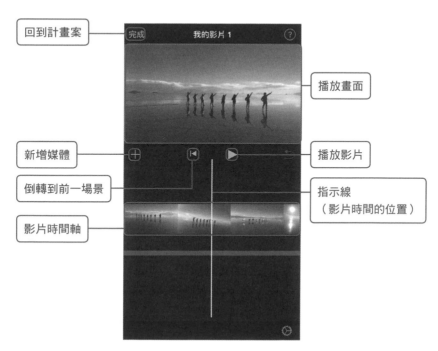

圖 6-1　iMovie的使用介面。

120

匯入影片

① 點擊 ❶ [計畫案]，然後點擊 ❷ [+]。

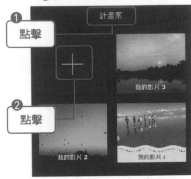

② 點擊 [影片]。

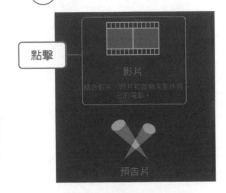

③ 點擊下方的 [製作影片]。

④ 進入剪輯畫面後，時間軸會顯示在畫面下方。點擊 [+]，可進入匯入影片、相片、音訊等的畫面。

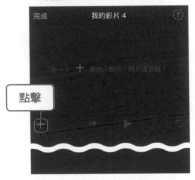

✎ Memo 不知道怎麼操作時怎麼辦？

點擊右上的 [⑦]，就會以彈出式選單出現各個圖示的解說，所以不知道該怎麼操作時，可以隨時使用此查詢功能。

⑤ 點擊 [影片]。

⑥ 點擊 [全部]，可顯示目前為止拍攝的所有影片素材。

⑦ 從影片素材中選擇想要使用的影片，點擊 [+]。

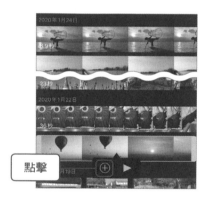

⑧ 在時間軸上插入選擇的影片檔。

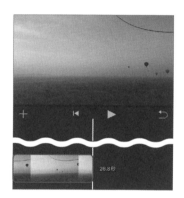

✎ Memo ▶ 確認影片內容

在挑選影片時，可先點擊播放鍵確認影片內容，如下圖所示。

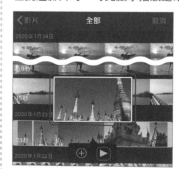

調整影片長度

　　影片會依匯入順序排列在時間軸上。影片的影格是以橫向的帶狀來顯示，當這個帶狀的左右長度過長時，可以用兩根手指夾住畫面上的影片來移動，讓影格變得密集、縮小長度，比較方便作業。

　　如果要將不需要的影片刪除，請在時間軸上點擊影片，一邊拖動影片前後的黃色框線，一邊把不要的部分刪除。畫面上方會顯示秒數，剪輯時請以秒數為基準。時間軸中央的垂直白線是播放磁頭，這條線是剪輯的起點，之後的框框會成為播放畫面。點擊 [▶]，影片就會從這個位置開始播放。

①　點擊時間軸上方的影片檔。

點擊

②　影片檔會被黃色框框包圍。

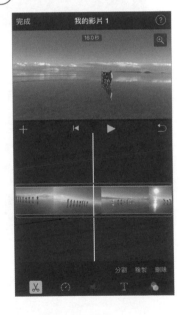

③ 把右邊的粗體黃色框線往左邊
移動。

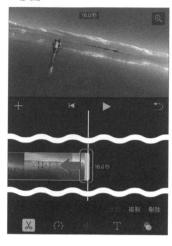

④ 移動過的部分，影片會變短。

> 移動過的部分會變短

如何旋轉影片

影片拍攝時最容易發生的錯誤，就是在逆向或旋轉的狀態下拍攝影片。
這裡要告訴你，把影片方向轉正的簡單方法。

① 把想要旋轉的影片以預覽畫面
顯示，用兩根手指夾住這個影
片，在畫面上旋轉。

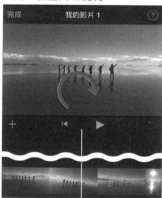

② 把影片以順時針方向旋轉90
度，即完成。

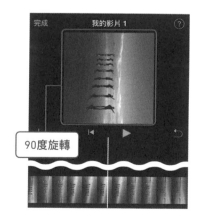

> 90度旋轉

▎分割&刪除分鏡的方法

　　想把過長的影片縮短時，或是想要在影片中間插入別的片段，就需要使用到這個功能。在時間軸選擇想要分割的地方，點擊 [分割] 即可。簡單來說，就是把白色垂直線移到想分割的分界點，在影片檔被點選的狀態下，只要用手指由上往下滑，就能快速分割影片。

　　分割好的影片中，點選其中不需要的部分，點擊 [刪除] 後，就能刪除了。另外一個方法，是在時間軸上長按不要的片段，將其拖曳到時間軸之外，也能將不需要的片段刪除。如果不小心刪錯的話，不需要緊張，點擊 [⟲] 圖示，就能回到上一個畫面。

（1）把白色垂直線移到想分割的位置 (❶)。點擊影片檔，外框線變成黃色 (❷)。把白色垂直線由上往下滑 (❸)。

（2）影片檔成功被分割成2個。

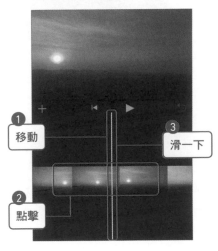

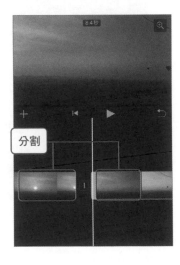

③ 如果不需要後段的影片，點擊
想刪除的位置，影片外框線變
成黃色，點擊 [刪除]。

④ 影片已經成功刪除。

變更影片的排列順序

影片分鏡的順序，用拖放的方式就能輕鬆自由替換。方法是點擊想移動
的分鏡，長按1秒左右後，就能在這個狀態下拖曳。請注意，不要將影片拖
到時間軸之外，否則影片就會被刪除。

在剪輯的過程中，替換分鏡是可以在錯誤中學習、邊試邊玩的作業。試
著改變商品的位置，或許會找到更合適的地方，或是讓想傳達的資訊更淺顯
易懂，這與廣告影片的品質及效果息息相關，所以請多多練習，試著做各種
不同的挑戰吧！

① 長按想要移動的分鏡。

長按

② 拖曳到想要移動的位置。

拖曳

③ 分鏡已經成功移動到指定的位置。

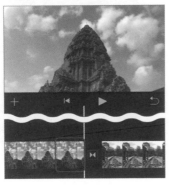

成為影音編輯達人的必學技巧

放大或縮小影片的時間軸

因為手機的畫面很小,如果將太多影片排列在一起的話,會變得很難看清楚,所以請試著在時間軸中心將兩指分開,就可以看到剪輯片段中的更多細節,方便作業。

想檢視全部影片的剪輯順序時,在時間軸中心將兩指向內滑,就可以縮小;相對的,想做細部的剪輯作業時,就把影片放大,請根據自己的目的來使用此功能。

① 用兩根手指拉開時間軸,剪輯片段會放大。

② 用兩根手指閉合時間軸,剪輯片段會縮小。

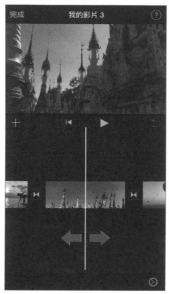

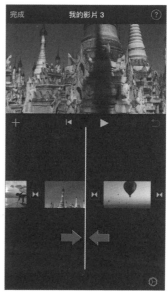

Section 02

加上背景音樂就有意想不到的效果

加入背景音樂時的基本操作

要在影片加入背景音樂或使用音效時，請事先將要使用的音樂匯入iPhone。點選 [音訊] 後，畫面上會顯示iMovie裡內建的「主題配樂」、「音效」或保存在iCloud裡的音樂。選擇想使用的音樂，匯入的方法和選擇影片時的順序一樣。以下要為大家詳細解說，如何將iMovie裡內建的音樂應用在影片中。

① 移到時間軸最前面的位置（❶），點擊 [＋]（❷）。

❷ 點擊

❶ 移到最前面

② 點擊 [音訊]。

點擊

③ 點擊 [配樂]。

④ 點擊想要的背景音樂。

⑤ 背景音樂被插入時間軸中,以綠色長條來顯示。

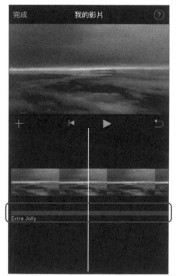

調整音量的方法

加入背景音樂後，可以分別調整影片檔本身的聲音和背景音樂的音量。

①
選擇要調整音量的檔案，點擊
下方喇叭的圖示。

②
左右移動調整音量的橫條，即
可調整音量大小。

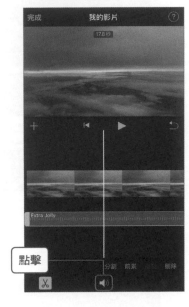

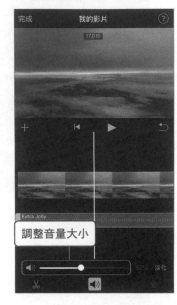

讓背景音樂淡出

在影片的最後，如果背景音樂突然斷掉，會讓人感到很突兀。因此建議使用「音樂淡出」功能，就能讓聲音逐漸變小。如此一來，就能完成有餘韻感且自然的音樂結束方式。

① 先點擊背景音樂的橫條 (❶)，
　再點擊喇叭的圖示 (❷)。

② 點擊 [淡出]。

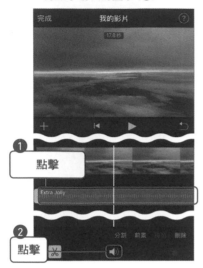

點擊
點擊

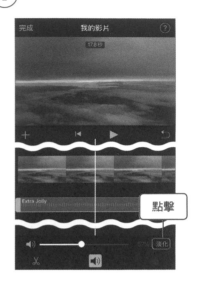

點擊

③ 在時間軸上的兩個 [▼] 之中，
　用手指按著後面的 [▼]，拖曳
　到想開始淡出的位置。

④ 下圖框起的部分，即音樂淡出
　的範圍。

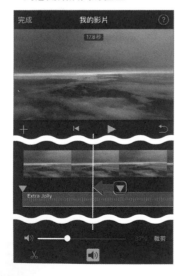

Section 03

加入字幕，強調重要訊息

▍輸入字幕的方法

在iMovie中可以在不同的影片片段，置入適合該影片內容的字幕。

① 點擊想加入字幕的影片 (❶) 後，點擊下方的 [T] (❷)。

② 進入標題的選擇畫面，選擇標題樣式。

3 點擊 [開場]（也可選擇不同顯示位置的 [中場]、[結束]）。

點擊

4 點擊上方預覽畫面的 [此處是標題文字]。

點擊

5 輸入字幕。

輸入

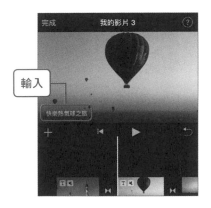

6 如果想要改變顯示位置，也可點擊 [中場]、[結束]，然後輸入字幕。

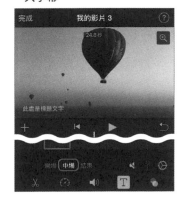

Section **04**

iMovie**的其他重要功能**

▋ 加入轉場效果

　　所謂「轉場效果」（或稱「過場效果」），就是在A和B兩個片段之間的連接效果（各種轉場效果的詳細解說，請參考第117頁）。由於在影片剪輯並重新排列組合後，影片之間會產生明顯的間斷感，因此在iMovie的原始設定中，所有影片之間都預設有名為「交疊融合」的轉場效果，讓影片轉換時變得自然。

　　點擊影片連接的部分後，在畫面的下方就會顯示轉場效果的選擇列表，可以依照自己想要的效果選用。在普通的「真實見證型」影片中，一般的做法是使用「｜」的無效果，鏡頭就會一直連接下去。但如果影片連接時有場景改變、被攝體改變等大幅度變化時，建議使用最初原始設定的「交疊融合」效果。

　　除此之外，轉場效果的秒數也可以自行設定，畫面最下方可以選擇秒數，所以請試著調整成溶接或劃接效果。只要在轉場上用點心思，就能做出專業度十足的影片。

① 點擊兩個影片片段之間的連接點圖示。

② 下方會顯示各種轉場效果，如果不需要就點擊 [無]。

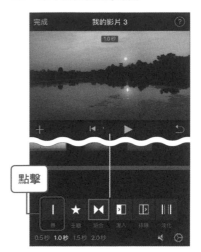

③ 選擇了 [無] 轉場效果。

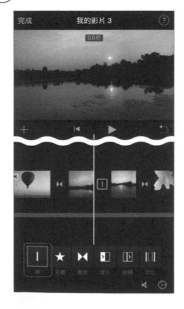

用淡出功能留下意猶未盡感

雖然電視廣告幾乎不會使用到此功能，但在製作形象宣傳影片時，建議在最後加上慢慢轉暗的淡出功能效果。使用這個功能，能讓影像留下意猶未盡感，請將這個小訣竅學起來。

① 點擊畫面右下方的齒輪圖示。

點擊

② 啟動 [淡出到黑色]（❶）功能後，點擊 [完成]（❷）。

點擊

啟動

③ 時間軸的最後，影片的畫面會逐漸轉暗，直到畫面變成全黑。

  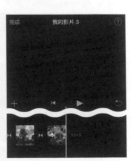

Chapter

1 2 3 4 5 6 7 8

成為影音編輯達人的必學技巧

137

改變影片的顏色或質感

使用iMovie中的濾鏡或色彩調整工具，就能和Instagram一樣變更色調。想表現懷舊感，可以用黑白色調；想呈現復古感，可以用西部風情等等。但建議基本上還是要保留原有自然的色調，不要過度使用濾鏡。

① 點擊畫面右下方的齒輪圖示。

② 選擇計畫案濾鏡的主題（❶）後，點擊 [完成] (❷)。

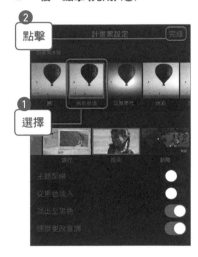

③ 所選的「西部風情」濾鏡已套用在時間軸的影片上。

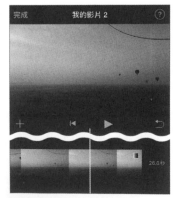

變更設計主題

在iMovie上如果變更主題的話，就能改變整體設計。例如「霓虹」、「旅行」、「簡易」等，可選擇Apple公司所設計好的各種主題。雖然能利用此設定簡單做出專業品質的影片，但如果不是符合自家公司的目的，就不需特地使用，避免影片看起來太花俏。

(1) 點擊畫面右下方的齒輪圖示。

(2) 選擇想要變更的主題 (❶) 後，點擊 [完成] (❷)。

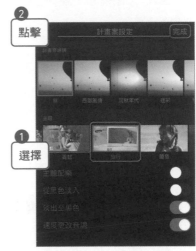

(3) 已變更成為「旅行」的主題。

如何匯出影片

▌影片的輸出方法

影片剪輯結束後，需要把編輯完成的影片從手機裡匯出，才能將影片上傳到各大平台。

首先點擊「完成」，回到「我的影片」畫面。下方[⬆]圖示是用來上傳到各大平台的按鍵，首先點擊這個按鈕，選擇 [儲存影片]。

接下來會出現點擊輸出尺寸的畫面，請選擇適合自己的尺寸。如果是以高畫質拍攝的影片，建議選擇「HD-1080p」。尺寸選好後就會開始匯出，影片會被保存在iPhone內建的「照片」APP裡。

① 影片剪輯結束後，點擊左上方的 [完成]。

② 點擊下方的 [⬆]。

③ 點擊 [儲存影片]。

④ 選擇輸出影片的尺寸。

⑤ 開始輸出影片。

⑥ 輸出結束後，點擊 [好]。影片會被儲存在iPhone的照片APP和iMovie的計畫案內。

06
把製作完成的影片上傳到YouTube

▍把影片上傳到YouTube的方法

如果要把影片上傳到YouTube，一定要有Google帳號。

取得Google帳號之後，只要打開YouTube網頁或APP，就會自動擁有YouTube帳號。YouTube是目前發布影片的最佳平台，如果想要增加社群粉絲，務必要好好經營。以下所介紹的上傳步驟，皆以「已登入」Google帳號為前提。

① 影片剪輯完成後，點擊 [🔳]。

② 點擊 [YouTube]。

③ 點擊 [繼續]。

④ 在登入畫面輸入Google帳號信箱。

⑤ 輸入Google帳號的密碼。

⑥ 選擇帳號。

⑦ iMovie會出現允許連結的請求，請點擊[允許]。

⑧ 輸入標題、描述、類別、標籤。

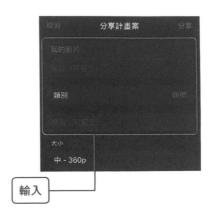

⑨ 影片的尺寸選擇YouTube建議的「HD-720p」。

⑩ 隱私先選擇「非公開」(❶)，確認上傳的影片沒有問題之後，再改成公開。點擊[分享](❷)。

⑪ 開始自動輸出影片。

⑫ 輸出後，一樣會自動上傳到 YouTube。

⑬ 出現「已發佈到YouTube」的 訊息後，就表示上傳完成了。

✎ Memo ▶ **廣告的審核期間**

在YouTube上傳影片，需要數小時 到一個工作天的審核時間，所以 影片上傳後不會立即播放，這是 正常的程序，請耐心等候。

Section **07**

Android手機適用的剪輯軟體

▌ 推薦三個好用的剪輯軟體

　　不只iPhone有iMovie，Android手機也有許多優秀的影片APP。雖然在剪輯方面，不少人認為iPhone的iMovie比較優秀，但現在Android手機的剪輯軟體也越來越好用，出現許多擁護者。

　　打開Google Play商店，可以找到好幾個功能齊全的剪輯APP，以下為大家介紹評價最好的幾個。每一個軟體都有提供免費版，建議先下載免費版試用，不過完成的影片會有該軟體的浮水印。因此，如果喜歡該剪輯軟體的介面，建議花個數百元購買多功能的付費版軟體，對於以企業為名義發布的廣告影片來說，給人的感覺比較專業。

📷 PowerDirector威力導演

　　相信大部分人都有聽過這個剪輯軟體，這是CyberLink訊連科技「威力導演」的Android手機版。Windows版的軟體十分優秀，曾榮獲無數獎項，手機版的介面也很人性化，可以輕鬆剪輯視訊。

　　因為PowerDirector是高性能的影片剪輯軟體，所以不僅能夠剪輯基本的分鏡，還搭載了多軌時間軸剪輯、分割、旋轉，也包括轉場效果、標題製作、背景音樂、配音、特效、慢動作、倒轉播放等多種功能。再加上影片去背功能、動作片的電影特效，也可以用4K超高解析度匯出，直接在YouTube或Facebook等社群網站發布影片。

　　但是，免費版會在右下插入小小的「PowerDirector」LOGO浮水印。因此，如果有長期製作廣告影片的需求，因為價格頗為合理，建議使用功能齊

全的付費版。

✖ Video Show樂秀

如果是以「簡單方便」為優先考量的人,最推薦的影片剪輯APP是「Video Show樂秀」。具備豐富的剪輯工具以及可快速套用的主題功能,再加上能夠另外下載多種特效和音樂等剪輯素材。雖然沒有支援多軌時間軸上剪輯,但轉場、特效、濾鏡、背景音樂、字幕等基本功能都很完備。

除了一般的剪輯作業,「Video Show樂秀」的強項是非常適合用來連接多個影像,進而快速完成一個作品,「邊拍邊剪」的獨特使用法也是這個APP的特色。同樣有推出付費版,但如果只是要使用基本功能的話,免費版就很好用了。

ⓚ KineMaster巧影

「KineMaster巧影」是能用智慧型手機做出專業級影片的APP。可以剪輯影片的APP不稀奇,但「KineMaster巧影」擁有媲美電腦版影片剪輯軟體的功能,支持多軌道音效與畫面剪輯,所以只要用這個APP,就能製作出專業級的影片。

雖然能執行多功能又複雜的剪輯,但因為基本的剪輯方法並不難,所以只要稍微操作一下,任何人都能立即上手。最大的特色,是能剪輯出0.1秒超短時間的影片。免費版可以使用基本功能,但在完成的影片加上浮水印(APP名稱),使用付費版就能移除。因此,如果是要以公司的名義發布廣告影片或貼文,建議購買使用付費版。

用Perfect Video做出更有魅力的 廣告影片

▎簡單易上手的Perfect Video

Perfect Video是一款好用又擁有多功能的剪輯APP，雖然iMovie也是簡單且免費的剪輯軟體，但如果想要製作出更高品質的廣告影片，擁有功能更完整的Perfect Video是有必要的。特別是在「真實見證型」影片或「使用說明型」影片中，字幕的配置很重要，也就是文字出現的位置、時間點以及是否能夠自由放大或縮小等變化，對於主訴求是文案傳播力的廣告影片，是不可或缺的要素。

例如，為了更完整介紹商品特色，能在主畫面中插入小畫面的「子母畫面」（Picture-in-Picture，縮寫為PIP），是經常使用在商品廣告化影片中的重要技巧；另外，如果可以使用「色度去背」功能，做出像是在不同場景拍攝般的效果，也會讓廣告效果大幅提升。除此之外，為了保護個人隱私權，不想公開的資訊可立即做馬賽克處理，或是能讓自己公司的LOGO全程在影片中露出的浮水印功能，這些都是iMovie所沒有的。

付費版的Perfect Video，擁有以上所有廣告影片所需要的功能。只要台幣不到200元就能完成專業級的廣告影片，是非常超值的軟體。

前面已經介紹過iMovie剪輯影片的方法，接下來要詳細告訴你「Perfect Video」的剪輯步驟，準備好學習更多、更豐富的影片編輯功能了嗎？

▎ 使用Perfect Video剪輯影片

① 開啟Perfect Video，點擊 [＋] 來建立新專業。

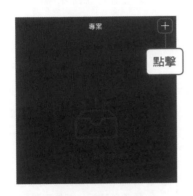

② 從相機膠卷中選擇要剪輯的影片 (❶)後，點擊 [✓] (❷)。

③ 預設的設定是最推薦的基本設定，所以直接點擊 [完成]。

④ 新計畫案會自動產生，下方是在②選擇的所有影片。「計畫案」是將所有已選擇的片段連接在一起的影片。點選要剪輯的片段。

⑤ 編輯中片段的基本畫面，下方是剪輯內容的選項一覽。

調整影片的長度

編輯影片時，可點選位於「基本畫面」下方的工具列，來進入各種目的的剪輯畫面。假如影片太長的話，可用兩根手指往內滑，將影格縮小得更緊密，操作就會變得比較容易。點擊 [▶] 圖示，就能開始播放。

■修剪影片（前後的刪除）

點選基本畫面上的「分割」圖示，把位於影片前後的紫色箭頭拖曳到想刪除的部分。時間軸上會顯示被修剪掉的秒數，中間則會顯示該片段的總秒數，請依此為參考標準。

① 點擊 [分割]。

② 影片兩端的箭頭變成紫色，移動紫色箭頭，就能刪除影片。

■影片的分割

點擊基本畫面上的「分割」圖示,把想分割的部分配合中央線移動,就能立即分成兩個影片。即使弄錯了,只要點擊 [↶],就能回復到前一個狀態,所以不需擔心。另外,如果點擊右下的 [snapshot],選擇的畫面就會被截圖到相機膠卷中。

① 把想分割的位置移動到中央線。

② 點擊 [分割] 後,就能立即分成兩個影片。

調整影片的大小

為了順利把影片做成廣告,影片也需要「修圖」,例如把剪輯中的影像放大、縮小,或是移動畫面中的人物,騰出放字幕的空間等等。使用Perfect Video,就能輕鬆完成這些工作,請見下頁開始的步驟說明。

① 點擊下方的畫面。

② 點擊 [變換]。

③ 畫面被紅色框框圍起來後，就能進行移動、放大或縮小。

④ 用兩根手指往內縮，即可縮小，也可以移動位置。

⑤ 把畫面放大,把人物往左邊移動,留下右側,騰出輸入字幕的空間。點擊 [✓]。

⑥ 在右側創造了可輸入字幕的空間。

▌輸入字幕

　　現在用手機看廣告影片的人比用電腦看的人還多,因此如何在小小的螢幕裡用文字傳達訊息非常重要。雖然前面介紹過的iMovie,也有上字幕的功能,但選擇性比較少,如果可以活用Perfect Video的多樣化功能,呈現效果會更好。下面是使用這兩種軟體上字幕的對比,使用Perfect Video的話,會更清楚秀出文案,能夠更快將訊息傳達給觀眾。

iMovie的字幕範例

Perfect Video的字幕範例

加入字幕的方法

接下來，要為大家解說加入字幕的步驟。

Perfect Video有各式各樣的字型可供選擇，字幕尺寸可以自由放大、縮小，也可以設定字幕顏色、加上外框或暈開等特效，也能任意配置文字出現的位置。用文字來傳達訊息是製作廣告影片不可或缺的要素，所以請務必精通這個技巧。

① 點擊 [文字]。

② 點擊 [T]（文字）。

⁄ Memo ▶ 字幕的尺寸

決定文字的尺寸時，要思考觀眾觀看影片的距離。在電視上即使很小的字也能看得到，但智慧型手機的螢幕很小，如果字不夠大，就很難看清楚，所以請設定大一點的字級。

③ 出現了鍵盤，點擊 [Aa]。

④ 進入字型選擇的畫面，請點選想使用的字型。

⑤ 輸入文字後，點擊左起第2個的 [☰] 圖示，選擇對齊左邊，決定字幕的位置（❶）。點擊 [完成]（❷）。

> **✎ Memo** 字型的選擇
>
> 如果製作廣告的目標是高級感、細膩感，就選擇「明體」，如果鎖定休閒感的話，就選擇「黑體」。字型的選擇，通常要依品牌的目的而定，但是在智慧型手機的小畫面上，纖細的文字會變得很難閱讀。基本上要以「看得清楚」的字型為前提，所以不要選擇太花俏的字型。

⑥ **在畫面中央的綠色框框裡會顯示字幕，用手指移動框框，把文字移動到適合的位置（❶）。點擊 [✓]（❷）。**

> **✎ Memo 文字的位置**
>
> 因為齊頭比較容易閱讀，所以字幕基本上要選擇對齊左邊。

> **✎ Memo 字幕的顏色**
>
> 字幕請以容易閱讀為最優先。背景明亮的話，就以「黑色」為基調；背景是暗色的話，就以「白色」為基調。

> **✎ Memo 字幕的配置**
>
> 字幕要盡量放在不會和人物或商品等重疊、觀眾容易看到的位置。為了防止文字被切到，畫面的外側要留下5～10％的間距，這個空間裡不要放文字。

> **✎ Memo 字幕的放大、縮小**
>
> 字幕用兩根手指控制，即可進行縮放。

⑦ 在基本影像上確認文字編排（❶）後，點擊 [文字]（❷）。

確認文字編排 ❶

點擊 ❷

⑧ 點擊時間軸的綠色部分（❶），點擊 [編輯]（❷）後，進入文字編輯的畫面。

點擊 ❷

點擊 ❶

⑨ 點擊左起第3個 [Aa]，進入為文字加外框的編輯畫面。可從下方橫條選擇顏色，在下方的%決定框線的粗細。

點擊

⑩ 點擊左起第4個的 [Aa]，進入把文字的外框暈開、營造氣氛的編輯畫面。從色條上選擇顏色，並且在下方選擇模糊化的程度。

點擊

(11) 點擊左起第5個的 [Aa] (❶)，進入把文字的本體暈開、營造氣氛的編輯畫面。從色條上選擇顏色 (❷)，在右側直條上決定粗細 (❸)。

(12) 點擊最右邊的 [Aa] (❶)，進入在文字底下加「色塊」，也就是底色設定的編輯畫面 (❷)。在右側直條調整透明度 (❸)。

✎ Memo ▶ 文字的外框（加框線）

加框線是用另一種顏色的線把文字框起來，讓文字變得更醒目的方法，如果是白色的字，建議使用黑色系，利用對比色來提高辨識度。

✎ Memo ▶ 文字的外框（暈開）

在文字外形上加入光暈以模糊化，看起來就像是在深色背景上打光一樣的特殊效果。

✎ Memo ▶ 底色色塊（字幕空間）

在字幕底下鋪上底色。如果背景很複雜，文字加外框或暈開都很難強調時，加底色色塊就會變得容易閱讀。

(13) 點擊 [效果]。

(14) 能設定字幕從開始到結束的動態效果。例如，選擇上排左起第2個效果，就能讓文字依序出現。點擊 [✓]。

(15) 點擊 [動畫化]。

> **✏ Memo ▶ 特效和動畫**
>
> 特效或動畫是呈現文字的一種方法。就像PPT簡報一樣，將文字加上依序出現的特效，藉此吸引觀眾的注意力。動畫能讓影片的開始和結束更具有動態感。但是，請不要過度使用，會顯得影片很俗氣。

（16）包含底色色塊，設定動畫字幕的開始到結束（❶）。例如，選擇字幕從畫面外飛進來的動畫，飛進來的速度可以在下排的秒數做調整。點擊 [√]（❷）。

（17）點擊播放後，字幕從外面飛進來的動畫就會開始進行。

❷ 點擊

❶ 設定

| 無 | AAA | AAA | AAA |
| AAA | AAA | AAA | AAA |

1.0秒

（18）字幕逐漸變小，在設定好的位置固定。完成有效果又醒目的字幕。

Perfect Video的其他功能

目前為止所介紹的都是剪輯影片的基本功能，但Perfect Video所擁有的工具中，還推薦以下5種：

- 子母畫面（Picture-in-Picture，軟體裡的名稱是「畫中畫影片」）
- 馬賽克
- 色度去背合成
- 近30種的轉場效果
- 浮水印

■畫中畫（Picture-in-Picture，子母畫面）

在影片中嵌入另一個影片片段，嵌入的場所或時機、長度都可自由選擇。適合使用於想在畫面中的角落插入商品卡，或是用另一個短片加強資訊的時候。

① 在影片的編輯畫面，點擊 [畫中畫影片]。

② 在影片列表中點選要插入的另一個影片。

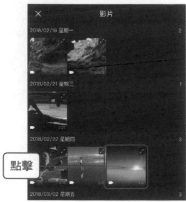

③ 調整影像的大小以及選擇要插入時間軸中的影片長度。

④ 點擊 [完成]。

點擊

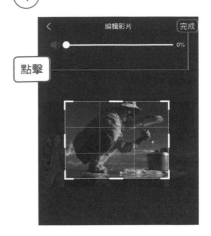

⑤ 縮小插入的影片，移動到想配置的地方。

移動

⑥ 影片的移動完成了。

✏ Memo　子母畫面的變化款

製作畫中畫影片（子母畫面）時，也能選擇分割成上下或左右的排列，還可以改變外框或邊界線的粗細或顏色，若懂得善用這個功能，就能製作出專業度高的作品。

有6種排版模式可以選擇

放置在右邊的例子

■馬賽克效果

　　為了保護隱私等理由，想把局部畫面打上馬賽克時，在這個軟體中也可以簡單操作，範圍或形狀都能自由設定。

①　**點擊 [效果]。**

點擊

②　**點擊下方的 [▨] 圖示。**

點擊

③ 畫面上出現被紅框圍起來的馬賽克，馬賽克的形狀可從下方選擇。

④ 設定馬賽克的大小或位置，點擊 [✓]。

點擊

⑤ 在右下方的人物上面打上了馬賽克。

■色度去背合成

　　使用畫中畫功能時，也許你會覺得小畫面的方框不好看，此時可以使用「色度去背」功能。這個動作能夠去掉藍色背景，對於想要合成影片的人來說非常方便。將影片的背景色去掉後，再調整成合適的尺寸，就可以放在喜歡的位置以合成影片。

① 只要是單色的背景，點擊 [去除顏色] 後，就能簡單地去除背景顏色。

② 藉由調整「敏感度」(❶) 或「柔和度」(❷)，能夠以高準確度把背景去掉。調整完成後，點擊[✓] (❸)。

③ 把去背的圖像放到想插入的位置，用想要的大小來合成。

④ 合成完成了。

■可使用近30種的轉場效果

　　點擊影片之間的圖示，就可以從將近30種的轉場效果中，選擇適合作品氛圍的轉場特效。但是，前面的內容也有提到過，不要在每個鏡頭轉換時大量使用，否則會顯得多餘，也會給人孩子氣的感覺。基本上使用原始設定的「交疊融合」或「無」就很足夠了。

① 點擊影片之間的轉場效果圖示。

② 可從多達30種的轉場效果中選擇。

■加上浮水印

　　在影片中可以加上像企業LOGO商標一樣的透明浮水印。浮水印的輸入、設定，需要在「計畫案」的「設定」畫面上進行。

① 進入設定畫面後,點擊 [自定義水印]。

② 點擊下方的 [圖像]。

③ 從相片膠卷中選擇想當作 LOGO的圖片。

④ 把匯入的影像調整成適當的大小,移到想置入的位置。

成為影音編輯達人的必學技巧

⑤ 點擊左上方的 [設定]。

⑥ 浮水印會出現在設定好的地方。

　　Perfect Video還有其他多樣化的功能，例如音效、倒轉、修剪、慢動作等，全都是在剪輯影片中能夠立即派上用場的優越項目。最棒的一點是，完成的影片上傳到Facebook或Instagram、YouTube等社群軟體也非常方便，請大家多多練習這個剪輯軟體。

▍影片上傳之前請再次檢視

　　剪輯好的影片不要急著公開，自己多檢視幾次，看是否能夠修正到更好。不只是在剪輯軟體內觀看，要試著用智慧型手機或電腦等幾個不同的裝置確認。另外，依照觀看環境的不同，例如在戶外觀看手機影片，也可能會發現到之前沒有注意到的地方，所以也請在不同的環境裡觀賞看看。對於字幕的大小、顏色或音量大小等，請一邊想像目標對象所在的環境，一邊試著調整到最佳的觀看效果。

7

讓廣告影片
曝光度更高的方法

廣告影片製作完成以後,就要思考要在哪些平台發布。可以免費
發布在自家公司的網站或粉絲頁,也可以在付費媒體發布。如果
只是利用免費媒體投放影片的話,可能會錯過許多有潛力購買的
目標對象,有時候花一點費用在YouTube或Facebook等社群網站
購買廣告,效果會比免費的資源好很多。在本章中,要告訴大家
如何使用付費媒體,讓你的廣告影片擴散出去。

Section **01**

花一點錢購買社群廣告，就能創造更多商機

▌在社群網站投放廣告影片

一聽到「需付費」的廣告影片，很多人會立刻聯想到電視廣告。然而，在電視打廣告的費用非常高，一般中小企業都無法負荷如此巨額的行銷費用，因此有很多人放棄「打廣告」。但是，因為網路與社群平台崛起，可以投放數位廣告的媒體非常多，即使只有一個人，現在也能將商品推向全世界都看得見的地方。

在Chapter 2裡，我把廣告影片要宣傳的對象比喻為戀人，意思就是要針對粉絲或現有顧客，用免費資源來發布廣告的方法；不過，這是以「自家公司粉絲」或「現有顧客」為目標對象來考量的做法。當然，好好活用自家公司媒體推出的廣告，也具有一定的效果，但具有「反應不大」、「粉絲數量增加緩慢」、「無法誘導前往網站」等缺點也是事實。

因此，想要擁有更好的宣傳效果，希望大家能夠考慮向付費媒體購買廣告，就能將產品讓更多人知道。在自家公司媒體發布影片時看不到的效果，都能在YouTube或社群網站購買廣告之後立即改善。為什麼呢？因為在社群網站投放廣告，不僅把影片中的資訊發送出去，還能夠「獲得粉絲（追蹤者）」，或是對貼文「按讚或留言好評」、「誘導到自家公司網站」等，能根據自己想要的目的來鎖定目標對象，絕對比在免費平台上投放影片的成效要高。

免費媒體和付費媒體的特色和功能

在社群媒體投放廣告前,首先要思考「該廣告影片所鎖定的目標對象是誰?」,然後根據目標對象去選擇適合的媒體。一定要了解每個社群網站的特徵或用戶屬性,才能選出最適合你投放廣告的媒體。

例如,假設推出廣告影片的目的是「本來就對該商品有興趣的人」,那麼「TrueView串流內廣告」(通常在觀看影片前跳出,是可略過的廣告影片)能派上用場;如果是商業色彩濃厚的服務,那麼Facebook就扮演著重要的角色;假設要宣傳時髦的蛋糕店或珠寶店,應該考慮往Instagram發展。另外,若是以擴大認知度為目的,同時向多個媒體發布「前串場廣告」(長度只有6秒,不可略過的廣告)會有效果。

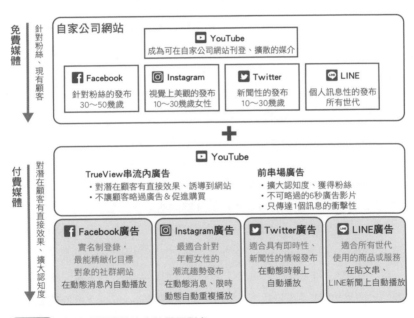

圖 7-1　各社群媒體最適合的目標對象。

說到廣告影片，很多人或許會第一個想到YouTube，但是，在Facebook等社群網站上發布的廣告影片，如果能夠根據用戶的使用背景精準設定目標，更能成功抓住觀眾目光，成為有效的媒體戰略。

　　以Facebook為例，因為註冊時必須用真實個人資料登錄，所以就連用戶的真實姓名、出生地、年齡、興趣、嗜好都能知道。以這些資料為基準，能區分特定對象，可以製作出精準度更高的廣告。另外，Twitter還可以依據用戶推文出現的關鍵字做為資料，以此為指標來製作影片內容。

　　在社群網站投放廣告的好處，是可以**創造病毒式行銷，讓情報不斷地擴散給更多用戶**。例如，一個人看了廣告影片後，思想產生了某種變化，出現了想要告訴別人資訊的想法，進而「分享」出去，因而提高了廣告效果。一般的電視廣告等大眾傳播媒體，很難把情報傳播給年輕族群，但社群網站上的影片，卻對年輕族群有很大的影響力。

　　說到「擴散」，在日本以及歐美用戶數眾多的Twitter，因為具備再推文和回覆留言的功能，是影響力非常大的社群媒體。和實名制登錄的Facebook不同，Twitter可以用更輕鬆的態度去追蹤志趣相投的任何人，人與人之間的連結度高，所以比較容易把廣告影片擴散出去。相較之下，雖然LINE的用戶數也非常多，但是LINE的關係連結大部分是一對一的。

　　Facebook和Instagram都會計算「觸及率」，藉由購買付費廣告，就能大幅增加觸及率。除此之外，在FB和IG動態時報的發文上多會標記hashtag（主題標籤，以「#」標示）等，除了容易被搜尋到之外，也能吸引用戶參加特定的專案活動，是值得好好利用的社群網站。

　　由此可知，即使都是社群網站上的廣告影片，用戶的屬性卻各自不同。如果不了解這一點，你的商品或服務就無法被真正想購買的人看見。

　　再一次總結，Facebook和LINE是不論性別或年齡，有大量使用者的社群網站，而且可以做精細的目標對象設定。特別是Facebook，因為能設定學歷或工作經歷等細節，更可觸及到想鎖定的目標對象。Twitter是10幾歲～20幾歲年輕的日本與歐美用戶較多，對想觸及年輕族群的商品或服務，可以說

效果極佳。同樣是年輕族群，Instagram有女性比例較高的特徵，適合想宣傳美容、時尚或食品等以視覺性魅力為主的廣告影片。

關於影片的尺寸，最常見的是長寬比16：9，但也有像Instagram一樣的1：1正方形，詳細尺寸會因社群網站而異，付費方法也會因各社群網站的規定而有所不同。在向社群網站投放付費廣告影片之前，請先閱讀各社群網站的廣告規範。

▋ 投放廣告需要多少預算？

說到社群媒體上的廣告影片，在看YouTube短片前的「TrueView串流內廣告」或「前串場廣告」，以及Facebook、Instagram、Twitter動態時報上自動播放的「流量型廣告」，都可以說是現今網路平台的代表性廣告。

在針對忠實粉絲的免費媒體上，不管有幾部廣告影片，都是可當成公司資產累積起來的「存量型廣告」，而付費廣告對觀眾來說卻是「偶然的邂逅」，看過一次後就會消失無蹤的「流量型廣告」，所以必須找出更具衝擊性的溝通方式。

廣告的費用，在Facebook、Instagram、Twitter的設定裡，平均一天的最低投放金額大約是台幣30元，跟動輒上百萬的電視廣告比起來，可以說是很平易近人的價格。

那麼，到底要花多少錢投入廣告才會看見效果呢？實際狀況當然要依公司或店面的規模而定，但如果是以「增加粉絲」為目的在Facebook上打廣告，據說想增加一個粉絲，平均一天要花費台幣45～120元。

重點是，不要一開始就砸下大量費用買廣告，而是每個月從幾千元台幣開始，一邊確認廣告的成效，一邊逐漸增加費用。小公司的話，出價範圍大約幾百元到幾千元，中小企業的話，建議可以從數千元到三萬元以下開始，以此為基準來操作。

想利用付費媒體達到什麼目的？

在將廣告影片發布到付費媒體之前，要先決定**推出廣告影片的目的**。中小企業在社群網站發布廣告影片時，應該設定的目標大致分為兩種：第一，獲得更多高購買意願的潛在顧客；第二，擴大公司的品牌認知度。

■①獲得潛在顧客

藉由觀看廣告影片，認識這個商品或服務後，很可能會直接下單購買，這就是所謂的「潛在顧客」。影片內容會誘導觀眾前往下單網站，這是利用付費媒體直接提升業績的手法。

■②擴大品牌認知度

廣告影片曝光後，許多人因此認識了該品牌，未來有購買需求時，會將此品牌優先放在選擇名單之中。比起直接性的效果，是以讓人喜歡為目的，也能增加粉絲。

圖 7-2 在社群媒體購買付費廣告想達到的目的。

對大企業來說，打廣告的目標對象通常是不特定的「大眾」，目標是「擴大品牌認知度」或「得到新顧客」；而對於中小企業來說，推廣的對象並不是對自家公司的商品或服務不關心的觀眾，而是要針對似乎「有興趣購買」的「潛在顧客」為對象來推銷，才會看見實質效果。

為什麼呢？這是因為以潛在顧客為對象，才能設定適合你公司商品或服務的目標消費者。因此，請努力在各個社群網站的媒體上增加粉絲吧。

▌ 在付費媒體投放的廣告影片，會在哪裡被看見？

在把廣告影片發布在付費媒體前，首先要思考的是，「在哪一個媒體播放影片比較好？」若不了解具體的媒體特性，只是因為覺得「現在正流行」等原因來決定投放媒體的話，很可能只是白白浪費了買廣告的費用。

在下頁的圖7-3中，匯整了在製作各個主要社群網站的廣告影片時，必須注意的創意重點。例如，YouTube的前串場廣告或Twitter等的短片，比較適合把目標放在擴大品牌認知度；另一方面，如果是想獲得潛在顧客或誘導消費者到自家公司網站購物，建議使用YouTube的TureView廣告或Facebook、Instagram的廣告，因為影片的時間比較長，對店面或公司的商品宣傳會有直接性的效果。此外，使用各大社群媒體的使用者背景不同，觀眾的心理狀態各異，對於創意的考量也會出現差異。請參考圖7-3，選擇更有效果的媒體吧！

	▶ YouTube		f Facebook	◉ Instagram		🐦 Twitter	💬 LINE
	TrueView	前串場廣告		動態消息	限時動態		
影片長度（最長）	無限制	6秒	120分鐘	60秒	15秒	10分鐘	60秒
用戶族群	10～50幾歲以及全部年齡階層		30～50幾歲，可以使用在商業用途	● 10～30幾歲女性 ● 男女比例逐漸接近		10～30幾歲	10～50幾歲，年齡範圍廣泛
觀眾心理	想看影片內容		想看朋友的動態消息	想看漂亮的影像 想知道時髦的潮流情報		想收發潮流情報	像看新聞一樣的感覺
影片形式（推薦）	9：16橫向		9：16橫向	1：1正方形	16：9直向	9：16橫向	9：16橫向
創意重點	● 讓人物誌的心產生變化 ● 用數秒抓住觀眾的心，不讓他略過廣告 ● 1部影片1個訊息 ● 能傳達目的的簡潔文案 ● 表達直接，像對朋友說話般	● 以不被略過廣告、看完影片為前提 ● 鎖定單一訴求 ● 可以串成一個系列	● 用抓住人心的數秒產生衝擊力 ● 加入即使靜音也能理解的字幕 ● 確實讓商品或LOGO曝光 ● 影像中的文字顯示要在20%以下	● 重視時髦感、現代感、視覺感 ● 避免商業性談話 ● 內文要控制在最小限度 ● 只有限時動態是直式影片		● 用抓住人心的數秒產生衝擊力 ● 加入即使靜音也能理解的字幕 ● 確實讓商品或LOGO曝光 ● 用強烈的個人或商品形象色彩吸引目光	● 像新聞報導一樣的簡單廣告 ● 避免像電視廣告的形式 ● 以個人之間的工具為基礎，像對朋友說話一樣的表現方式

※YouTube現在也有需要強制觀看15秒的「串流內廣告」

圖 7-3 製作各社群網站的廣告影片時要注意的創意重點。

Section 02

使用有效的關鍵字，
讓潛在客戶搜尋到你

▌標題、說明、Tag都要好好設定

　　為了讓更多人看到上傳的廣告影片，影片的**標題、說明文字以及Tag標籤缺一不可，請好好設定。**

　　關於標題，請思考你的廣告目的，以及想要讓目標對象產生什麼樣的變化，以此為重點來發想吧。如果是全新的商品或服務，請記得要將商品或服務的名稱加在標題裡面。

　　關於說明文字，比起太過於情緒性的內容，請確實加入在搜尋時最能引人注目、對這個商品或服務最必要的關鍵字，並且留意會令人在意的字彙，用這些文字素材來組合。在說明的欄位中，不管是在電腦版或智慧型手機，都只會顯示最上面兩行的文字，所以在一開頭就要使用會讓人想點進去看的關鍵字。此欄位允許置入自家公司網站，所以也可以在這兩行中填入網頁連結，方便觀眾直接點入查看。

　　Tag標籤雖然不會直接對觀眾顯示出來，但卻和標題或說明一樣重要，因為有助於讓這部影片被大眾搜尋到。在這裡不要只是打上商品名稱或服務名稱，要考量到產品的使用方法或效果等，或是使用此商品後所產生的價值，盡可能設定合適的關鍵字，讓更多人搜尋到。

（上圖）標題輸入的範例。因為是市面上的新產品，直接用商品名打頭陣。
（下圖）文字說明的範例：網羅會成為關鍵字的字彙，置入商品說明中。

盡可能輸入各種相關字彙，提高讓消費者搜尋到的機會。

精準使用關鍵字

　　設定廣告影片的關鍵字時，你可能會輸入商品名稱、服務名稱、產品類型等等，但現在有更方便的方法來找出現在最流行的相關字彙。

　　那就是用「Google搜尋」。輸入關鍵字搜尋後，相關關鍵字就會出現在搜尋框的下方，你可以把這些關鍵字當作參考，因為這就是大眾最常搜尋、最關心的議題。例如，輸入「簡單減肥」後，出現的相關關鍵字可能會有「減肥餐」、「運動」、「食譜」、「料理」、「菜單」等。只要動動手指，就能快速得知世界上的人對於「簡單減肥」的不同需求。

了解關鍵字的另一個方法，是活用「Keyword Planner（關鍵字規劃工具）」的方法。連結Google廣告後，會出現「關鍵字規劃工具」，這是一個可引導出相關字彙的免費工具。例如，輸入「簡單減肥」後，就會立刻出現500個以上的相關字彙，每個關鍵字被搜尋的次數也能一目瞭然，因此能夠了解每一個關鍵字的強度。

用Google搜尋後，會顯示「減肥餐」、「運動」、「食譜」、「料理」、「菜單」等相關字彙。

使用關鍵字規劃工具後，就能從中得知「減肥 簡單 運動」、「減肥 食譜 簡單」等相關字彙和關鍵字的強度。

還有一個方法，是在YouTube搜尋影片時，一樣試著輸入廣告影片的關鍵字，就能把點閱次數較多的影片標題當成參考。按下搜尋之後，點擊畫面右上方的「搜尋篩選器」，選擇「觀看次數」並重新排列，就能以點閱次數

多到少的順序來觀看影片。從最上面開始的順序是「不用挨餓」、「4分鐘爆汗」、「懶人減肥」、「兩個禮拜瘦10公斤」等，這些都是值得參考的相關關鍵字。從中可以觀察出，具有衝擊性或標示出數字的標題更受觀眾青睞。但是，請不要忘了，注意不要誇大不實，要選擇值得被信賴的字詞。

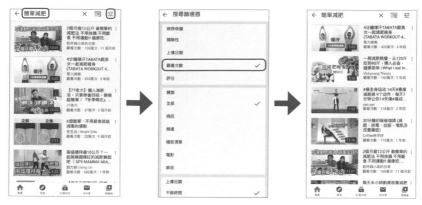

用YouTube搜尋可得知「簡單減肥」的參考關鍵字。

▌縮圖圖像也要注意

影片的縮圖圖像等於是公司的招牌，會讓人聯想到影片的內容，因此也很重要，建議可以把人物或商品放大配置，或是把字幕放大變得更明確等等，請費點心思做成最適合的縮圖吧。在YouTube的原始設定中，會自動做出三種縮圖讓使用者選擇，請從裡面選出和想要的形象相近的縮圖。如果想要按自己設定縮圖，在符合YouTube規範條件的情況下，也可使用能自創圖像的「自訂縮圖」功能，請自由發揮出最棒的縮圖吧。

另外，在YouTube有一個叫做「創作者學院」的網站，提供免費的線上教學，使用者可以從第一步開始學習如何使用YouTube網站，深入了解如何善用Youtube的整體創意技巧。

YouTube的縮圖例子：原始設定中可從三種縮圖裡選擇。選擇可顯示出商品、標題等必要情報的圖像。

「YouTube創作者學院」的畫面。

網址 https://creatoracademy.youtube.com/page/home?hl=zh-TW

讓廣告影片曝光度更高的方法

03
如何製作YouTube廣告影片

▌ 發布廣告影片要以YouTube為優先考量

　　根據統計,台灣2019年第一季社群網站的活躍用戶高達2,100萬人,占人口比的89%(Digital 2019 Taiwan分析),因此YouTube、Facebook、Instagram、Twitter、LINE等社群網站的廣告價值,早已不容小覷。

　　其中,YouTube是僅次於Facebook的第二大社群媒體平台,在世界上擁有19億用戶,台灣人只要想看線上影片,幾乎都會使用YouTube。因此,除了在自家公司網站播放廣告影片之外,在考慮要把影片放在哪一個付費媒體播放時,絕對要優先把YouTube列入候選名單。

　　YouTube廣告影片分為幾個種類,第一,「TrueView串流內廣告」,這是鎖定「潛在顧客」的廣告,目標是看到業績提升的直接效果;第二,「前串場廣告」,這是為了擴大品牌認知度,目標是將商品服務傳達給更多人知道。如果以中小企業的行銷目標來考量,負責人可以自行選擇要發布哪一種廣告。其他發布平台的詳細規範,在後面的章節會再進一步說明。

▌ 影片的最初3秒就要引起觀眾興趣

　　在YouTube有各式各樣的用戶,如果想讓廣告有效果,就要讓影片具有直接向「目標對象」說話的效果。

　　電視廣告是強迫性的,YouTube的廣告影片卻是主動性的,也就是說觀眾可以自己選擇是否要略過廣告。雖然也有看完長篇影片的可能,但首先要思考,你的影片是否能在影片開始播放的3秒內,引起觀眾興趣。對觀眾說話時,不要說「各位」,而是像朋友一樣地稱呼「你」,表達親切感,這樣才能拉近你與觀眾之間的距離。

活用YouTube廣告的優點

在YouTube刊登付費廣告影片,一般認為有以下幾個優點:

• 獲得潛在顧客

關於商品或服務,播放能讓目標對象覺得「和自己有關聯」的廣告影片,促使觀眾想像出實際使用商品或服務時獲得的好處,進而成為該項商品或服務的粉絲,未來有持續購買的可能。

• 提升品牌認知度

用廣告影片引起目標對象的興趣,能讓人對商品或服務的品牌有所認知,往後有購物需求時,會優先選擇該品牌。因此,為了讓人印象深刻,影片必須要具有衝擊性或具有新意的創意點子。

• 促使觀眾立刻購入商品或服務

看了廣告影片,想更進一步了解產品的人,會立即由影片內的連結點入網站。和電視廣告相比,引起興趣之後,能引導觀眾立即購買商品或服務,是網路廣告影片特有的優勢。

YouTube廣告的費用與收費型態

YouTube廣告影片的收費型態,主要如下頁的圖7-4所示。

廣告的種類	收費方法
TrueView串流內廣告（CPV）	• 用戶在沒有略過廣告的情況下觀看30秒（未滿30秒的廣告就是看到最後），或是在30秒經過之前有操作廣告，就會開始收費 • 在30秒內，如果用戶略過廣告，就不會收費
前串場廣告（CPM）	廣告被顯示1000次的時候會開始收費
TrueView探索廣告（CPC）	用戶在搜尋結果後點擊縮圖、觀看廣告影片，就會開始收費
串流外廣告（CPV）	廣告影片的面積50％以上被觀看2秒以上，就會開始收費

圖 7-4 各類型YouTube廣告影片的收費方法。

YouTube廣告的出價

投放YouTube廣告影片的價格是以「競標」方式來決定，如果沒有達到收費條件，就不會產生費用。出價是針對一次性觀看，設定要支付的最高金額。只要懂得如何調節此金額，就能有效率地增加廣告影片的觀看次數。

YouTube廣告的格式

在YouTube可利用的廣告格式中，雖然有適合不同目的的種類可供選擇，但一開始投放廣告影片最推薦以下兩種，第一種是價格相對低廉、可以自動播放影片、能略過的「TrueView串流內廣告」；第二種是在6秒內就能看完影片的「前串場廣告」。關於這兩種廣告，我們來仔細探討一下。

■TrueView串流內廣告

TrueView串流內廣告是在用戶正在觀看的影片播放前、播放中或是播放後的其中一個地方會出現的廣告影片。開始播放5秒後，影片右下角會出現「略過廣告」的按鈕，如果沒有引起用戶興趣，就會被略過，但是一定至少會被看5秒。影片被持續觀看了30秒才會開始收費（如果影片本身不到30

秒，就是看完為止），觀眾點擊了廣告也會開始收費。這是現在最被廣泛使用的廣告格式，要選擇在影片播放前、播放中或是播放後出現廣告，可配合個人目的來設定，但80％的使用者，都選擇觀看影片「播放前」出現。

TrueView串流內廣告所花費的費用，可試著從一次台幣3～10元左右的出價開始即可。如果你的目標對象明確，即使出價較低，廣告影片被完整播放好幾次的可能性也很高；相反的，如果是競爭者多的市場，即使出價金額定了很高，也有可能一直被「略過影片」。例如，金額上限設定為1天170元，一個月所花的費用就是台幣5000元，這樣的金額就很便宜。因為投放期間可以自行變更或停止廣告發布，所以請先從便宜的設定開始試試看，再逐漸修正到合適的價錢。

■前串場廣告

前串場廣告和TrueView串流內廣告一樣，是可以在影片前播放前、播放中以及播放後出現的廣告類型。和TrueView串流內廣告不同的地方是，影片長度最多只有6秒，但是不能在中途「略過影片」。因為能將訊息播放到最後，即使影片長度很短，卻能確實宣傳商品或服務。

前串場廣告和TrueView串流內廣告的收費體系不同，是以「每千次曝光成本（CPM，Cost Per Mille）」計價。所謂每千次曝光成本，是指「播放次數到達1000次時，才會計算廣告費用」，這也是許多網路廣告會採用的收費方式。

前串場廣告的收費方式，則是自己預先設定一個費用來出價。因為是競價制，如果價格出高一點的話，就能讓更多的用戶看見影片。因此，前串場廣告雖然可以從較低的金額開始出價，但花費的費用標準無法完全掌握。不過，執行方式和串流內廣告一樣，請先設定一個價格，一邊觀察效果、一邊逐步調整，漸漸制定出有效的花費標準吧。

在TrueView串流內廣告、前串場廣告以外，YouTube還有其他廣告格式。依每家公司行銷目標的不同，或許貴公司沒有使用的必要，但在這裡還是簡單介紹一下：

■TrueView探索廣告

在用戶搜尋影片時，TrueView探索廣告會被顯示在搜尋結果的最上方，觀眾一眼就能看到這個影片。

■串流外廣告

YouTube廣告的串流外廣告是行動裝置（智慧型手機或平板電腦等）專用的廣告格式，是一種會嵌入在外部網站或APP等合作夥伴網站的影片。會出現的格式有好幾種，例如類似一般橫幅廣告（banner）的「MobileWeb格式」、顯示在行動裝置網頁文字裡的「In-Feed格式」、行動裝置畫面整個被蓋板的「FullScreen格式」。

┃ 訂立廣告影片的行銷活動

這裡所說的促銷活動，是指從YouTube提供的各種廣告影片類型之中，選擇適合自己的影片格式後，建立一個活動。中小企業的宣傳負責人可以決定行銷活動的最終目標，進而配合公司目的，從「吸引潛在客戶」或「提高網站流量」等數個種類的行銷目標中做出選擇。確定目標後，接下來就是決定預算、短期目標設定、想要使用的廣告影片格式等等，開始進行廣告影片的投放。

投放YouTube廣告之前要確認的事

在YouTube投放廣告影片時，請注意以下事項。

- YouTube**廣告影片的格式規定**
  - 檔案格式……「MOV」、「MPEG4」、「MP4」、「AVI」、「WMV」、「MPEGPS」、「FLV」、「3GPP」、「WebM」、「DNxHR」、「ProRes」、「CineForm」、「HEVC（h265）」
  - 最大檔案尺寸……無上限
  - 最低解析度……2160p：3840×2160、1440p：2560×1440、1080p：1920×1080、720p：1280×720、480p：854×480、360p：640×360、240p：426×240
  - 長寬比……16：9
  - 長度……時間無限制（前串場廣告為6秒）

YouTube**廣告的投放步驟**

影片編輯完成之後，就能放在YouTube上公開放映。想要上傳YouTube廣告影片，必須要同時擁有「YouTube帳戶」和「Google廣告帳戶」，所以請先完成註冊。

另外，為了投放YouTube廣告，一定要先上傳影片。請先把製作完成的廣告影片上傳到YouTube。可以使用手機版的YouTube應用程式或電腦版的YouTube網頁，兩者皆可。

影片上傳到YouTube後，要從「Google廣告」來建立YouTube的廣告影片。YouTube廣告影片的建立，不能從智慧型手機操作。請從電腦登入Google廣告（https://ads.google.com/intl/zh_TW/home/）。

① 進入Google廣告網站後，輸入帳號密碼 (❶)，點擊 [繼續]。

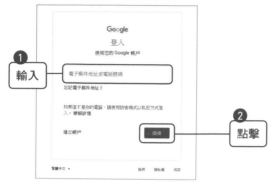

② 看到這個畫面後，點選下方的 [切換至專家模式]。

✎ Memo ▶ **Google廣告的原始設定**

Google廣告的原始設定是「智慧廣告活動帳戶」模式，此為簡化過的版本，如果不更改成「專家模式」，就無法投放廣告影片。雖然一開始要多花一道手續，但如果卡在這邊不動作，就無法繼續進行接下來的步驟。

③ 進入廣告活動畫面，點選 [＋]。

④ 會出現下拉式選單，點選 [新增廣告活動]。

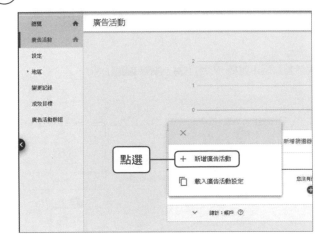

⑤ 進入「選擇最符合您廣告活動訴求的目標」畫面。在這個步驟，如果你想要投放串流內廣告，請選擇「待開發客戶」；如果想要投放前串場廣告的話，請選擇左下方的「品牌意識和觸及率」。

✏️ **Memo** **各種廣告的說明**

將滑鼠點到各選擇欄位時，會出現每一種廣告的特性說明，請參考看看。

---

⑥ 從選取廣告活動類型中選擇 [影片] (❶)，點擊 [繼續] (❷)。

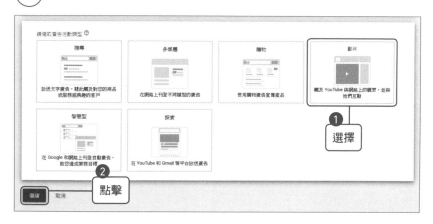

⑦ 輸入廣告活動名稱 (❶)，設定預算類型和金額 (❷)，設定廣告活動的開始日期和結束日期(❸)。

✏️ **Memo** 廣告活動的名稱

因為一個帳號可能會同時發布數個廣告，請輸入一個自己可以馬上看懂的廣告名稱，自行做好分類管理的動作。

✏️ **Memo** 設定預算類型和金額

輸入平均一天要使用的金額，或是用「廣告活動的總額」來指定廣告活動的預算總額。如果將播放方法設定在「標準」的話，就能每日平均分配預算；設定在「密集」的話，預算很快就會被全部使用掉。因此，最初投放廣告時，建議從「標準」開始設定，根據不同的目的再來檢討是否要變更，否則剛開始就選擇「密集」，預算可能會在很早的階段就被消化光了。

✏️ **Memo** Google的自動審核

即使希望能立即播放廣告影片，但如果沒有通過Google的自動審核，廣告是無法投放的。審核大約在一個工作日可以完成，因此如果希望在特定日期將廣告影片上架，請多預留一些作業時間。

⑧ 出價策略設定為「盡量爭取轉換」或是「目標單次轉換出價」後，設定單次的出價 (❶)。使用「目標單次轉換出價」時，就必須設定每次轉換的金額。廣告聯播網選擇YouTube影片 (❷)。選擇設定用戶的語言和目標受眾的區域 (❸)。例如店家只有在台北的話，就只限定在台北播放廣告，如果是針對外國人的廣告，就要考慮變更語言等等。

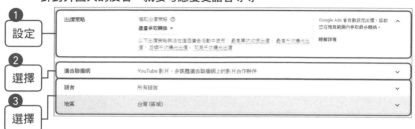

裝置	• 電腦、行動裝置、平板、電視畫面等，可依據用戶利用的裝置，設定是否展示廣告 • 可選擇裝置所使用的操作系統種類、裝置的類型（iOS、Android等）、通訊業者
展示頻率上限	這個設定能預防同一個廣告對同一個用戶過度播放
廣告的時段	除了廣告活動的開始日期和結束日期之外，還可以針對特定的星期幾或時段設定是否播放廣告

圖 7-5 其他設定欄位。

⑨ 輸入廣告群組名稱。建議選擇根據年齡、性別、區域等容易了解且方便管理的名稱。

(10) 設定要向什麼樣的用戶投放廣告。除了有性別或年齡、有沒有小孩等基本資料，還可以設定興趣或嗜好，達到讓影片再行銷的目的外，也能使用關鍵字、熱門話題、定位等項目鎖定目標對象，讓對影片內容有興趣的人有更多機會看到這個廣告。點擊「客層」後，會進入以下畫面，可自行勾選各個項目來設定。

使用者：您要接觸的對象 定出您的**目標對象**和/或**客層**		
客層	不限年齡、不限性別、任何家長狀態、任何家庭收入	˅
目標對象	任何目標對象	˅

內容：您所需的廣告刊登位置 使用**關鍵字、主題**或刊登位資節小幅及範圍		
關鍵字	任何關鍵字	˅
主題	不限主題	˅
刊登位置	任何刊登位置	˅

客層

請選取指定客層 ⑦   檢閱每個項目

性別	年齡	家長狀態	家庭收入
☑ 女性	☑ 18 - 24 歲	☑ 無子女	☑ 前 10%
☑ 男性	☑ 25 - 34 歲	☑ 有子女	☑ 11 - 20%
☑ 不明 ⑦	☑ 35 - 44 歲	☑ 不明 ⑦	☑ 21 - 30%
	☑ 45 - 54 歲		☑ 31 - 40%
	☑ 55 - 64 歲		☑ 41 - 50%
	☑ 65 歲以上		☑ 後 50%
	☑ 不明 ⑦		☑ 不明 ⑦

⚠ 注意：指定家庭收入功能只在部分國家/地區提供。瞭解詳情

（11）指定做為廣告來播放的YouTube影片。搜尋影片後選擇，或是直接把影片的
網址複製貼上。

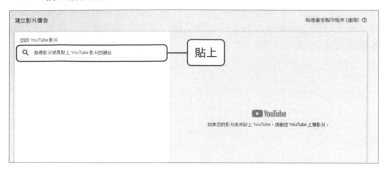

（12）貼上網址後，會進入如以下所示的YouTube廣告影片預覽畫面。分別輸入最
終到達網址（❶）、顯示網址（❷）、行動號召（❸）、廣告標題（❹）。

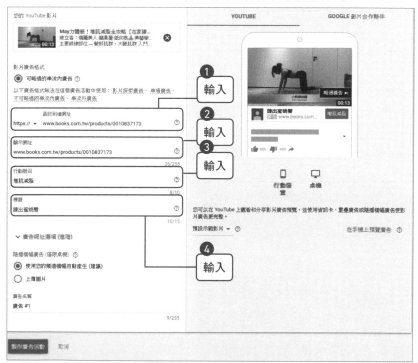

項　目	輸入的重點
最終到達網址	使用者按下您的廣告後，可以直接前往造訪的網頁
顯示網址	最終到達網址的縮網址，也可使用一樣的網址
行動號召	• 最多輸入全形5個字（半形10個字）以內 • 使用簡短有力的字詞，可吸引用戶造訪最終到達網址 • 用5個字內讓對方產生變化 • 〈例如〉增肌減脂
廣告標題	• 最多輸入全形7個字（半形15個字）以內 • 宣傳商品或服務、最容易吸引用戶目光的內容 • 使用最具優勢、最關鍵的7個字 • 〈例〉無效保證退費

圖 7-6　各欄位的詳細解說。

13　隨播橫幅廣告可以從YouTube頻道的影片裡自動產生，或是手動選擇自行上傳圖片 (❶)後，點擊 [製作廣告活動] (❷)。

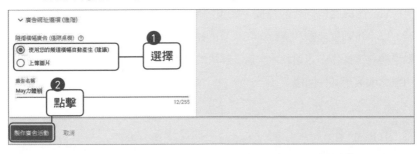

⑭ 正確輸入所有資料後，就會出現「廣告活動已準備就緒」的文字，點擊 [前往廣告活動] 後，設定內容的廣告影片就會開始播放。

⑮ 建立好的YouTube廣告影片，可以在Google廣告的管理頁面進行確認、變更或停止播放。

　　YouTube廣告影片的投放，如果一開始就成功切換至「專家模式」的話，以上步驟就能順利進行，如果真的碰到什麼困難，Google Ads有完善的教學網頁，操作中若遇到什麼無法解決的問題，可以在線上留言詢問，選擇用電話或電子郵件回覆。

> ❗ **Point**
>
> **YouTube 廣告影片的創作重點**
> - 用數秒就能抓住人心，不讓人略過廣告
> - 就像和觀眾對話一樣，醞釀出親近感
> - 一部廣告影片只傳達一個訊息
> - 文案是傳達目的的完成品
> - 前串場廣告要推出好幾種才有效果

Section 04
如何製作Facebook廣告影片

Facebook廣告影片的特徵

　　Facebook是實名制登錄，投放廣告影片時可以鎖定更精確的目標對象。除了能夠誘導用戶前往官網購買，也會因用戶按「讚」而擴散情報，可說是用途最多元的社群平台。

　　因為可以在動態時報上自動播放，所以也能曝光給不想看影片的人看，被看到的機率比其他社群平台都要高。但是，因為自動播放是靜音的，所以影片一開始的畫面就要具有衝擊性，片長要控制在15秒以內，必須要多花一點工夫來引起觀眾興趣。15秒以內的影片也能使用在Instagram的限時動態和Facebook的插播影片（影片中的置入廣告）。

　　那麼，雖然在這之前所介紹的廣告影片製作方法都是橫向型的，但在用智慧型手機觀看時，很多人是把手機拿直向觀看的，為了替這些人著想，要考慮以直向或是正方形製作影片。

　　另外，依據字幕畫面占有率的20％規定（請參考第205頁），字幕等的顯示方法也有限制，關於這點也要好好注意，請遵守規則來製作出具有效果的影片吧。

FB以直接上傳的原生影片最有利

　　直接上傳到Facebook的影片，稱為「原生影片」，在FB演算法中會得到較高的曝光率。這是因為如果把影片上傳到YouTube後再分享到臉書，就會被臉書歸類為「連結」，連結的曝光率會比「原生影片」低很多。可以從後台的數字看出，直接在Facebook上傳原生廣告影片，和貼上連結

的YouTube影片相比，留言數或分享率方面增加約5倍。因此，如果要在Facebook投放影片，建議直接上傳為佳。

▌FB廣告的刊登場所不只是在FB

Facebook廣告影片不只會在臉書中刊登，還可以投放在臉書有提供服務的Marketplace、Messenger、被登錄在Audience Network的APP或網站等平台，還有Instagram的動態消息或限時動態。

目標受眾設定非常詳細，加上和人氣媒體合作推出廣告這一點，是Facebook廣告影片的獨家優勢。

▌在Facebook推出廣告的兩個目的

在Facebook推出廣告影片的目的，大致有兩個。

第一個，獲得Facebook粉絲專頁的粉絲。雖然可能無法像大企業的粉絲專頁，動輒就有好幾萬人的粉絲人數，對於中小企業來說，如果能將零粉絲增長為幾百個粉絲，也不能說是全無效果。因此，請把增加粉絲人數設定為第一個目標。

第二個，讓臉書上的潛在顧客看見影片。幾年前，光是在個人臉書上貼文，就能把情報傳送給一定的人數，但現在Facebook有特定的演算法，如果不購買廣告，就很難把資訊帶給大部分的使用者，請認清這個現實。因此，想要利用Facebook打廣告，只要台幣幾百元的金額就能產生效果，所以若有心經營臉書社群，建議還是要花錢打廣告。

活用Facebook影片的優點

在Facebook刊登付費廣告影片，一般認為有以下幾個優點：

• 可做詳細的目標設定

Facebook的廣告影片，可以做精準度高的目標篩選。不只是性別或年齡，從興趣或關聯事物都能做詳細的目標受眾設定，所以能非常有效率地播放廣告影片。

• 在動態時報被自動播放

Facebook的廣告影片特徵，是在上下滑動動態時報時，只要拉到有廣告影片的地方，影片就會自動播放。此時如果能引起使用者的興趣，影片就會被繼續看下去。比起要點擊才能播放的廣告影片，有更容易被看見的優點。

• 廣告預算能自己決定

Facebook的廣告影片也是用競標的形式，平均一天的廣告預算可以自行設定，可以從比較低的預算開始購買廣告。另外，每個行銷活動都可以設定預算上限，所以也能預防不小心超過預算。

• 可鎖定二次性的擴散效果

看到廣告影片的人，如果做出「按讚」等分享出去的行為，該廣告就能擴散到其他朋友的動態時報上。Facebook的廣告影片擴散性很高，能對性別、年齡或區域等相近的用戶有效率地播放。

• 可以用人的行動來掌握位置紀錄

只要使用同一個帳號，即使一個人同時使用好幾個裝置（電腦、平板、手機），也能掌握住目標對象的位置紀錄。因為Facebook可以和各種服務登入連動，能透過這些數據分析用戶的行動。

- **廣告類型豐富**

　　Facebook廣告影片的投放方式多元，有各種形式和版位可供選擇。因應自家企業不同的目的，可以在一個媒體執行各種挑戰，例如「品牌認知」、「觸動考量」、「轉換行動」三個目的設定，再加上總共有12種分類，能製作出配合不同目的的廣告。

▍提升FB廣告效果的5個重點

　　廣告影片雖然可以傳達很多訊息，但要引起目標對象的興趣，讓觀眾把影片看到最後是非常困難的事。因此，以下說明一部成功的Facebook廣告影片，必須要具備的5個重點：

■①被攝體要拍得大大的，根據畫面尺寸來製作廣告

　　根據Facebook Japan的調查，日本92％的Facebook用戶都是使用智慧型手機。台灣用戶使用手機滑臉書的比例也很高，甚至有人從來沒有登入過電腦版的Facebook。因此，製作Facebook的廣告影片時，最好將畫面尺寸調整到智慧型手機容易觀看的形式。如果是鏡頭拉遠的廣闊畫面，太小的被攝體很可能會讓人看不清楚。特別是智慧型手機的螢幕非常小，不管是拍攝人物或商品，請盡量把鏡頭拉近，將被攝體大大地顯示出來吧。建議選擇直向型的畫面，方便手機用戶觀看。

日本TBS電視台體育頻道「Yeahhhsports」的Facebook粉絲專頁上，廣告影片區分成智慧型手機適用的直向型影片，以及電腦適用的橫向型影片，使用者可自行選擇。對於影片的內容，也配合使用者的觀看習慣。例如，右圖的《踢開瓶蓋！？空手道選手植草步挑戰現在最流行的「踢開瓶蓋」！》中，鏡頭大大地特寫了保特瓶，並且把焦點放在踢開瓶蓋的瞬間。

日本體育頻道的廣告影片：踢開瓶蓋！？空手道選手植草步挑戰現在最流行的「踢開瓶蓋」！

網址 https://www.facebook.com/Yeahhhsports/
videos/2328502573937075/

■②用抓住人心的數秒，留下衝擊感，拍成15秒內的短片

先將廣告影片放在自己公司的網站上，然後再分享到Facebook粉絲專頁，現在有愈來愈多的企業以這種模式來刊登廣告影片，專門針對Facebook而重新製作影片的情況比較少見。

因此，製作一支「適合在各大平台播放」的影片，是最方便的做法。**在15秒以內，加入衝擊感，即使不被觀看第二次也沒關係**，像這樣節奏明快的影片，就會有效果。

例如，日本便利商店LAWSON非常懂得如何善用社群行銷，經常在Facebook的動態消息刊登廣告影片，同樣的影片在Instagram或LINE都有刊登，自家官網上也有刊登相同的影片。

LAWSON的行銷用廣告影片。

網址 https://www.facebook.
com/lawson.fanpage/
posts/2326731937374190/

因為在電視上也會播放一模一樣的廣告，所以在社群網站上的廣告影片雖然時間過長，但LAWSON所製作出的廣告，在短短數秒內就會被吸引住目光，而且能立即知道是什麼樣的行銷活動。只要製作出一部有效率的影片，這部影片不只可以在Facebook上播放，還可以在各大媒體上曝光，可說是讓廣告影片無限擴散的優良範例。

■③製作讓目標受眾產生共鳴的影片

日本麥當勞廣告範例：＃漢堡in House 男性篇 15秒｜Uber Eats。

想要Facebook上的廣告影片受歡迎，必須引起目標受眾的共鳴。為此，要思考觀眾的「焦慮點」，**影片製作出可以「解決焦慮」的方法**。例如，日本麥當勞推出的「Uber Eats」廣告影片，以「夏天、熱、家、外送」為關鍵字，讓你在炎熱的夏天也可以在家使用外送服務而享用到漢堡，用這幾個關鍵字當作訴求，就能讓觀看廣告影片的觀眾產生共鳴。在貼文的最後，加上「詳情請看官網」的文字引導，也能一併調查分析用戶的網路行動。

■④影片中要確實曝光商品或LOGO商標

為了讓自己公司的商品或服務讓人留下印象，影片結構一定要大量出現商品或LOGO，或是介紹使用方法或使用時的注意事項，諸如此類的小心機，都能加深品牌印象。**請好好思考如何在影片中發揮自家商品的特性吧！**

右頁的外國企業「Succulents Box」，是一家讓公司LOGO有效曝光的範例。這是一家以販賣仙人掌為主的多肉植物線上商店，光是在Facebook上導入廣告，業績就提高了66％。該公司的廣告影片，都是以商品為主軸來拍攝。因為不是每個人都認識多肉植物，所以影片內容的目標以讓人了解「多肉植物是什麼樣的植物」為重點。廣告中所刊登的商品，每一個都是很稀有

又可愛的植物或仙人掌，容易引起觀眾興趣。

由於Facebook用戶會預先登錄自己的興趣或嗜好等，廣告的曝光對象是這些已過濾的目標受眾，所以商品和廣告目標對象的契合度很高，可以說是帶動業績的極佳範例。

■⑤即使靜音，影片也能一看就懂

Facebook影片之中，大約有85％是靜音播放的。因此，**請預設在靜音播放下，影像和文字的組合也能立即打動人心**。

植物線上商店「Succulents Box」的廣告影片範例。

製作廣告影片的時候，必須注意預定上傳影片的網站平台特性，掌握以上的重點，製作出能夠引起Facebook用戶興趣的影片，努力提高廣告效果吧。

▍FB廣告的費用與收費型態

投放Facebook廣告影片，能夠設定一天要使用的廣告費上限。關於這個「一天」的預算，可從台幣100元開始設定，但是最低金額不建議設定為台幣100元。為了讓廣告更有效率地被點閱，Facebook廣告影片具有「自動最佳化功能」，金額設定太低的話，就無法得到能提供Facebook系統學習的數據量。據說一天台幣300元左右，是能提供系統學習的最適合金額。剛開始請先試用一次看看，以這個建議數據為基準，往後再依成效來檢討預算。

Facebook廣告影片的費用，會根據你選擇的種類與目的而決定，請見下頁圖7-7的說明。因為是已經自動組合好的選項，所以沒有必要再去煩惱該怎麼選擇。尤其是剛開始學習的人，建議投放廣告時，不要變更自動組合好的收費種類。

收費的種類	內　容
CPM（Cost Per Mille） 每千次廣告曝光	廣告被曝光1000次時會開始收費。
CPC（Cost Per Click） 每次點擊	廣告被點擊時會開始收費。
10秒影片的播放費用	• 廣告的影片被播放10秒以上就收費。 • 影片全長10秒以下，影片被播放到最後就收費。
2秒以上影片的持續性播 放費用	片長3秒以上的影片適用，影片連續觀看2秒以上時會 開始收費。
應用程式安裝費用	經由Facebook廣告影片而安裝應用程式時會開始收費 （必須要有特別的設定，因此使用度很低）。

圖 7-7　Facebook廣告影片的收費方法。

▎Facebook廣告的格式

　　Facebook的廣告影片可配合各式各樣的廣告目的來刊登，可以同時上傳到Facebook和Instagram，也可以從粉絲專頁直接建立，還能使用廣告工具的廣告管理員或企業管理平台建立。

Facebook廣告影片的格式。
出自：facebook business「廣告格式的種類」
網址 https://www.facebook.com/business/help/1263626780415224

　　Facebook廣告的「廣告影片」，是指影片和文字配合顯示的廣告格式，會被顯示在電腦、平板或智慧型手機的Facebook動態消息上。

投放FB廣告之前要確認的事

在Facebook廣告中，有**加入的文字不可超過畫面面積20%**的限制，也就是所謂的「20%覆蓋率」規定。如何檢查是否符合這個規定呢？在影像4×5的20格分區內，如果文字達5格以上，就會被判斷為違反規定。關於文字的比例似乎是用自動工具來判定，但如果原始照片裡本來就有文字，就會用人的肉眼來判斷。

由此事來看，在YouTube網站製作好的廣告影片，如果字幕放大處理過，就不能直接用在Facebook了。因此在拍攝之前，預計要在Facebook上傳影片的話，在這個限制的前提下，要如何配置字幕、LOGO怎麼放才會醒目等等，從企劃階段就要深謀遠慮。為了不讓辛苦拍攝的作品最後上傳失敗，請事先做好準備吧。

图 7-8　Facebook廣告的20%規定。

臉書會檢查的是廣告影片的縮圖影像，為了方便使用者檢查縮圖影像是否有違反規定，Facebook也提供了可以事先確認的工具——「圖像文字比例檢查」（https://www.facebook.com/ads/tools/text_overlay），評分「適中或低」是允許刊登的範圍，評分「高」會不允許刊登，請多加利用。

除此之外，還有以下必須注意的事項。在影片上傳之前，也請先確認一下吧！

- Facebook的廣告影片交稿規定
  - 檔案格式……「MP4」、「MOV」（推薦）
  - 最大檔案尺寸……4GB
  - 最低解析度……因為解析度沒有上限規定，建議在符合檔案大小和長寬比限制的前提下，使用最高解析度
  - 長寬比……9：16～16：9
  - 長度……1秒以上，240分鐘以內

Facebook廣告的投放步驟

在Facebook投放廣告影片時，要使用Facebook的「**廣告管理員**」。「廣告管理員」是建立Facebook廣告影片的免費工具，也可以檢視廣告效果，並進行編輯與管理的動作。介面非常清楚易懂，請務必使用看看。

要打開廣告管理員，請連結https://www.facebook.com/ads/manager。

Facebook的廣告管理員畫面。

■Facebook**廣告管理員應用程式**

　　使用「Facebook廣告管理員」APP，就可以從手機介面建立Facebook廣告，並且能隨時隨地確認廣告成效，是一款非常方便的軟體，iOS系統和Android 系統皆有支援。從智慧型手機建立廣告的好處是，直接使用相簿裡的照片或影片，就能上傳到Facebook、Instagram或Audience Network（Facebook平台之外的網路空間）等媒體。

　　另外，廣告用素材或文字、目標受眾設定、刊登時間、預算修改，或是廣告行銷活動的草稿預覽，都可以透過APP執行，也能夠隨時確認廣告成效與查詢消費金額。因為系統會適時傳送有關廣告的最新訊息，所以不必擔心漏接資訊。只用一台智慧型手機，就能將拍攝影片、剪輯影片、建立廣告、管理廣告等動作一氣呵成，所以非常推薦你使用看看。

　　那麼，以下就來示範，如何使用智慧型手機的廣告管理員，建立目標是「增加網站流量」的廣告投放步驟。

① 開啟Facebook廣告管理員 APP，點擊 [建立廣告]。

② 點擊 [網站流量]。

③ 點擊 [格式：單一圖像]。

④ 將格式切換成「單一影片」 (❶)，點擊 [→] (❷)。

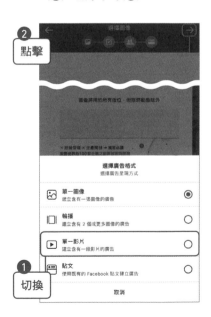

⑤ 點擊 [相機膠卷] (❶)，從相機膠卷中選擇影片 (❷)，點擊 [→] (❸)。

⑥ 點擊 [縮圖]。

⑦ 選擇影片的封面圖像 (❶)，點擊 [√] (❷)。

⑧ 依序輸入標題名稱 (❶)、主要文字 (❷)，以及要增加流量的網站 (❸)。在行動呼籲按鈕選擇「來去逛逛」(❹)。

⑨ 滑到廣告的畫面最下方，確認
廣告預覽，點擊 [→]。

⑩ 點擊 [建立新的廣告受眾]。

⑪ 從詳細目標設定選擇「年齡」
(❶)、「性別」(❷)，輸入廣告
受眾名稱 (❸)，點擊 [✓] (❹)。

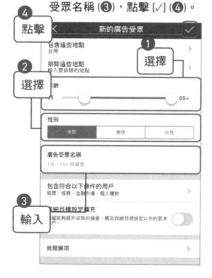

⑫ 點擊 [更新現有廣告受眾] 或是
[儲存為新廣告受眾] 皆可。

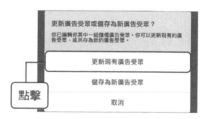

⑬ 輸入廣告受眾名稱 (❶)，點擊
[✓] (❷)。

(14) 確認目標設定,點擊 [→]。

點擊

(15) 設定行銷活動預算 (❶) 和排程
(廣告刊登時間) (❷),建議
使用預設值即可。點選 [→]
(❸)。

點擊

設定 設定

(16) 確認廣告文字、預覽畫面、廣
告組合等,點擊 [下單]。

點擊

(17) 下單後需要經過審查,約需要
10分鐘到數小時,通過審核後
會收到通知。

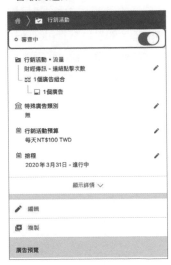

如何從影像和文字自動建立廣告影片

在Facebook有名為「影片製作套組」的功能，可以提供行動裝置簡單建立最佳化影片的範本，只要套用現有的影像和文字，就能建立高品質的廣告影片。影片完成後，可以發布在Facebook粉絲專頁上，或用廣告管理員上傳到Facebook或Instagram，當作廣告影片來使用。

Facebook廣告的成功範例

什麼樣的Facebook廣告影片會成功呢？讓我們來看看以下這個範例。

- **用衝擊性的短片引起興趣**

美國漢堡王在愚人節推出了一支「不可能漢堡（Impossible Whopper）」的行銷影片，這是一款口感和一般華堡一模一樣的素食商品。雖然廣告影片只有短短11秒，但十分具有衝擊性，能快速抓住觀眾的目光，成功引起目標受眾的興趣。如果自家公司的商品有這樣的噱頭，像這樣用簡單的方式推廣，效果就會很好。

美國漢堡王的素食漢堡：「不可能漢堡」。

網址 https://www.facebook.com/burgerking/
videos/2892825910734496/

- **即使靜音也能立刻看懂的食譜影片**

　　Facebook有各式各樣的影片種類，其中最受歡迎的是「料理影片」。美食影片公司「Tastemade Japan」推出了許多精彩食譜短片，即使沒聲音也能了解步驟或料理過程，簡單俐落又帶著時髦感的手法，受到女性的廣大支持，例如右圖這部「閃亮亮水果雞尾酒」的影片，宛如果凍珠寶盒一般的成品，播放次數高達135萬次。

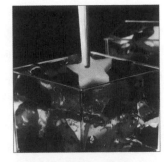

美食影片公司Tastemade Japan：「閃亮亮水果雞尾酒」。

網址 https://www.facebook.com/
watch/?v=1607599946205796

- **以用戶視角拍攝的作品獲得好評**

　　「Omiai」是日本第一個活用Facebook功能的交友軟體，廣告影片的內容都以「用戶視角」拍攝，廣受男女用戶好評，已吸引了300萬人加入會員。因為帳戶需要與實名制登錄的Facebook做連結，所以安全度值得信賴，但是在APP上不會顯示真實姓名，而是以暱稱表示，以此人性化的服務獲得成功。

日本交友軟體Omiai：「你的愛情，春天來了」。

網址 https://www.facebook.com/
watch/?v=2074282436022248

- **讓客戶從「有戒心」變成「有興趣」**

日本育兒情報網站「Comana」的主力客群是父母親，把原本靜態呈現的圖片做成影片，定期發布特定主題的企畫，只需要點擊就能觀看，爸爸媽媽看到這些商品情報，每一樣都想買來讓自己的孩子試試看。這些影片的功用不但可以讓用戶「放下戒心」，還能引發「想要看更多商品」的行動，喚起潛在客戶的興趣。因此，努力打造出具「誘導性」的廣告影片，十分重要。

日本育兒情報Comana網站以可愛小男孩為模特兒，推出「長髮男孩TAIGA的7日穿搭」影片企畫，影片中的服飾和配件，網站上皆有販售。

網址 https://www.comona.jp/
watch/?v=2039448526334803

! Point

Facebook 廣告影片的創意重點

- 被拍攝的人物或物品要拍得夠大，畫面中的留白也要注意。
- 影片前幾秒就要抓住人心，全長不要超過 15 秒，留下衝擊感。
- 製作出「解決」目標受眾「煩惱」、讓人有「共鳴」的影片。
- 影片中要確實曝光商品或 LOGO。
- 觀眾很可能設定靜音，做出無聲也能了解內容的影片。

Section 05

如何製作IG廣告影片

▌做出有品味的廣告影片

因為Instagram（IG）是Facebook旗下的媒體，所以使用方式或功能都和Facebook類似。IG廣告影片的最大特徵，是女性使用者居多，因此以時髦可愛的東西最受歡迎，呈現出來的畫面最好要像是在瀏覽時尚或美食雜誌一樣，總之，視覺效果很重要。

Instagram的主要用戶族群是10～30幾歲，和其他社群網站相比，較適合行銷以年輕人為主要客群的商品或服務。網站整體上所呈現的是緊跟潮流的時尚感，如果影片的廣告色彩太強烈，可能會招致反感。

商品或服務最好能展現品味或強調設計感，請務必製作出以「感性」為訴求的廣告影片。由於大部分使用者都是以智慧型手機觀看，所以推薦使用1：1的正方形畫面。IG最多只能製作長度60秒的影片，因為片長很短，所以要努力做出有品味又同時讓人想反覆觀看的衝擊性影片。

▌活用IG廣告影片的好處

在Instagram刊登付費廣告影片，一般認為有以下幾個優點：

• 可以做詳細的目標設定

由於IG廣告是從Facebook的廣告管理員設定，所以和Facebook一樣，也能做出精準度高的目標設定。例如，除了性別和年齡，還可進階設定學歷、地域或家庭構成等各種背景。既然已知是年輕女性居多的媒體，只要再進一步篩選目標受眾，就能鎖定更精準的目標對象推銷商品或服務。

- **具體傳達商品或服務的魅力**

　　不少人對IG的第一印象，都覺得是「美圖」很多吧？但光是用文字或圖片傳達商品魅力畢竟有其限制，這時候改用影片就很有效。例如美容產品或3C類的商品，如果能用影片仔細傳授使用方法或用後感想，就會讓人容易想像購買後的情形，提升購買意願。

- **60秒影片也能做出豐富的內容**

　　IG的廣告影片，最多可以長達60秒，60秒的時間已經足夠做出一部吸睛的影片。只要讓影片獲得好評，就有機會在社群網站中不斷被擴散，讓更多人看到。因此，請好好利用這60秒，思考你的行銷目的，製作出讓人對品牌留下好印象的內容與結構，上傳到IG的廣告版位。

- **能直接誘導前往自家公司網站**

　　在Facebook或Twitter等社群平台上，可在說明文字裡加入網址連結，誘導用戶點擊，但Instagram更為方便，可以在貼文的圖像或影片上附加「轉移到指定網站」的連結，因此可以引導觀眾看完廣告影片後，馬上前往該家公司的網站。

直接誘導前往電商網站消費的功能

　　Instagram的「購物」功能，可讓使用者從圖像或影片直接進入電子商務網站購買，利用這個功能，就能和貼文Tag標籤一樣，逐一標示出商品名稱與細節。對於用電子商務為主要通路的企業來說，這項功能非常重要。

點擊貼文左下方的「查看商品」的圖示，就能確認影片中被
Tag標籤的商品。

出自：日本Midwest（選物店）

網址 https://www.instagram.com/p/BzaOeoEBdlV/?igshid=1byj246kujku

IG廣告的費用與收費型態

　　IG廣告影片的收費型態，主要如下頁的圖7-9所示。根據不同的目的，
例如希望讓用戶安裝應用程式、想要擴大品牌認知度等等，有不同的收費方
式。

　　關於價格，IG廣告影片大約可從台幣100元開始投放。但是，由於母公
司Facebook常常更新功能與介面，擬定廣告預算時，主要還是要視產業與活
動型態而定。

收費方法	內容
CPM（Cost Per Mille） 每千次廣告曝光	廣告被曝光1000次時會開始收費。
CPC（Cost Per Click） 每次點擊	廣告被點擊時會開始收費。
10秒影片的播放費用	• 廣告的影片被播放10秒以上就收費。 • 影片全長10秒以下，影片被播放到最後就收費。
2秒以上影片的持續 性播放費用	片長3秒以上的影片適用，影片連續觀看2秒以上時會開始收費。
應用程式安裝費用	經由IG廣告影片而安裝應用程式時會開始收費（必須要有特別的設定，因此使用度很低）。

圖 7-9　Instagram廣告影片的收費方法。

　　IG廣告影片和Facebook廣告一樣，會自動決定收費的種類，所以沒有必要再去煩惱該怎麼選擇。尤其是剛開始學習的人，建議投放廣告時，不要變更自動組合好的收費種類。

刊登IG廣告影片的場所

　　Instagram的廣告影片，會被刊登在兩個地方。

　　第一個是一般動態消息，也就是普通的動態時報。在動態消息發布的廣告影片，會在普通貼文的相同位置曝光。

　　第二個是限時動態。所謂限時動態，是指在手機直向的全螢幕上能顯示影片或照片的場所。在這裡，除了自己所刊登的貼文，基本上過了24小時後就看不到了，可以更輕鬆隨意地上傳影片，是一個非常受歡迎的功能。因為可以在限時動態之間播放廣告，所以可以不著痕跡地觸及用戶，成為有效的行銷手段。請注意，放在限時動態的廣告影片，長度不能超過15秒。

- 用詼諧的手法傳達汽車性能

右圖這個日產汽車的限時動態廣告，是以「只要按一下」的關鍵字為主軸，把完全不相關的掃地機器人、咖啡機等家電用品帶入，傳達同樣是「只要按一下」開關，就能啟用高性能的駕駛輔助系統。

一開始觀眾會疑惑：「這是什麼廣告？」先引起使用者的興趣，再以詼諧手法獲得共鳴，成為觀後感極佳的限時動態廣告範本。

出自：日產汽車的 instagram 限時動態廣告。

網址 https://www.youtube.com/
watch?v=Md_KgDFltVA

▌ 在IG刊登廣告的三個方法

把帳號切換成商業帳號後，就能在Instagram建立廣告影片。不只是能在Instagram建立廣告影片，也能使用Facebook的工具，發布要在Instagram刊登的廣告。

要在Instagram刊登廣告影片，有以下三種方法。

- 直接從Instagram建立廣告

切換成商業檔案後，就能開始貼文或在限時動態上發布廣告影片。

- 從Facebook粉絲專頁建立廣告

   如果有Facebook粉絲專頁，可以從這個粉絲專頁連結Instagram帳號。在粉絲專頁建立廣告後，該廣告在Facebook和Instagram兩邊都可以刊登。

- **用廣告管理員來建立行銷活動**

   如果希望廣告更具有功能性，可利用廣告管理員的各種工具來建立廣告，決定Instagram的版位配置。雖然是Facebook網站裡的工具，也都能套用在Instagram廣告的建立。一般情況，如果想要使用Facebook的商業工具來建立廣告，必須先將帳號換成商業帳號，再連結管理用的Facebook粉絲專頁。

▌投放IG廣告之前要確認的事

   在Instagram投放廣告影片時，一般廣告、限時動態廣告，各自有必須要注意的事項，請見下圖7-10的說明。

	一般廣告	限時動態廣告
檔案格式	幾乎所有格式都可使用，但最推薦 MP4、MOV	MP4、MOV、GIF、jpg、png
最大檔案大小	4GB	影片是4GB，照片是30MB
最低解析度	正方形（600×600px）、長方形（600×315px）	600×1067px
長寬比	正方形（1：1）、長方形（1.91：1）	9：16
長度	3秒以上，60秒以下	1～15秒（原始設定中，圖像是顯示5秒）

圖 7-10 Instagram的廣告影片交稿規定。

IG廣告的投放步驟

前面有提到過，在Instagram投放廣告的前提，是必須同時要有Facebook粉絲專頁和Instagram的帳號，請提前準備好。Instagram廣告要從Facebook廣告的設定畫面來建立，所以請先進入Facebook廣告管理員的頁面。

① 選擇行銷目標。在這裡假設「以誘導使用者前往網站」為目的，因此設定為「流量」。

② 設定這則廣告影片的行銷活動名稱、是否建立A／B測試、行銷活動預算等等，行銷活動出價策略設定為「成本上限」。建議設定為容易辨識的活動名稱。

設定項目	內容
建立A／B測試	同時建立A和B兩個廣告組合，測試哪一個廣告的成效較高。
行銷活動預算	• 預算的設定方法有「單日預算」、「總經費」兩種。 • 「單日預算」可設定單日可使用的預算，金額的下限是1美元。 • 達到單日消化的預算時，就會被停止投放。 • 如果以廣告投放期間來決定總經費的話，就可選擇設定「總經費」。
行銷活動出價策略	• 最低成本，讓系統自動出價，在你的預算條件下取得最多成果。 • 成本上限，讓系統自動出價，在你的預算條件下控制成本，同時取得最多成果。 • 出價上限，控制每次競價中的出價金額，是最穩定的出價策略。

圖 7-11 行銷活動預算和出價策略的設定。

③ 設定想要衝高流量的目的地。在畫面上，從「流量」下方的選單選擇「網站」。依不同的選擇目的，內容會跟著改變，所以請設定正確的目的。

④ 設定廣告的目標受眾。在廣告受眾的設定中，可點擊「建立新受眾」後，選擇「自訂廣告受眾」，直接從顧客名單、電子信箱、Facebook用戶ID導入想投遞廣告的對象。

(5) 設定目標受眾的居住地點、年齡、性別、語言、詳細目標設定、關係等，
根據想觸及的用戶族群，來進行目標設定。點擊 [儲存此廣告受眾]。

(6) 設定廣告發布的場所。進入「編輯版位」後選取「手動版位」(❶)，在
「版位」中把Instagram以外的選項都取消勾選 (❷)。

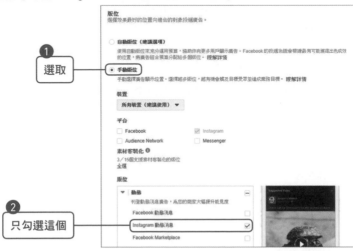

⑦ 設定廣告的出價上限和廣告排程（廣告開始刊登及結束的日期）。點擊 [繼續] 後，移動到廣告設置畫面。

最佳化和花費控制項
請設定廣告預算與投遞時間。

廣告投遞最佳化 ❶　　連結點擊次數 ▼

設定 —　出價上限 ❶　　NT$70　　每次競價中的最高出價金額

Facebook 在競價中使用出價上限出價策略時，會盡可能取得最多連結點擊次數，並保持出價金額不超過NT$70。

廣告排程 ❶　⦿ 由開始日期起持續刊登廣告組合
　　　　　　　○ 設定開始及結束日期

顯示進階選項 ▼

設定項目	內容
廣告投遞最佳化	連結頁面瀏覽次數、連結點擊次數、單日不重複觸及人數、曝光次數等，可因應你的廣告目的來設定。
設定刊登時間	• 可選擇「由開始日期起持續刊登廣告組合」和「設定開始及結束日期」這兩種選擇來進行設定。 • 如果在步驟2的預算設定中選擇了「總經費」，可設定廣告排程的項目。 • 除了可以設定廣告發布的內容，也可以設定星期幾和精確的時間。

圖 7-12 廣告投遞最佳化和刊登時間的設定。

⑧ 設定身分。因為一個人可能有好幾個帳號，所以要設定要由哪一個帳號來投放廣告。請選擇想投放廣告的Instagram帳號。

⑨ 從廣告格式中，根據你的宣傳目的，選擇最適合的選項。在這裡選擇「單一的圖像或影片」。

⑩ 打開「新增影音素材」，點擊 [新增影片]。

11 點擊 [帳號影片]，把儲存在帳號裡的影片上傳到Instagram。

12 影片上傳成功。

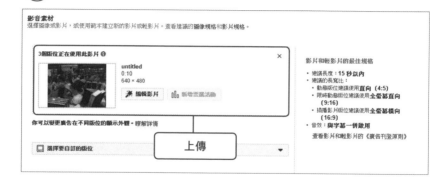

(13) 檢查要在廣告中刊登的文字以及主題標籤（hashtag）。輸入網站的網址 (**①**)。在「行動呼籲」欄位選擇瞭解詳情、查看菜單等目的 (**②**)。一邊參照廣告預覽，一邊確認建立好的廣告影片在貼文上顯示的狀況 (**③**)。

(14) 確認下單沒問題的話，就點擊 [確認]。等到審核通過後，就會按照設定好的排程開始發布廣告。在發布期間，仍舊可以變更預算或刊登時間，所以可以一邊刊登，一邊觀察效果，達到優化廣告的成效。

轉換追蹤 🛈		
Facebook 像素 🛈		設定
應用程式事件 🛈		設定
離線事件 🛈		設定
網址參數（選項）🛈		
key1=value1&key2=value2		
建立網址參數		

點擊

| 返回 | | 檢視 | 確認 |

以上是使用電腦版網頁建立IG廣告影片的步驟。事實上，也能用手機裡的Instagram應用程式建立廣告，前提是必須將Instagram帳號轉換成商業檔案，轉換完成之後，就會出現 [廣告] 按鈕，點擊之後，點選 [建立廣告]，即可開始建立。

還有，使用「Facebook廣告」APP也可以在IG上貼文或發布廣告。使用應用程式的話，從拍攝、編輯到貼文的一連串流程，全部用智慧型手機就能完成，因此非常推薦。

▎IG廣告的成功範例

用簡單的文字和視覺感強烈的照片說故事，加上聲音和動作的運用，沒有太多複雜功能，能快速傳遞情報，這就是Instagram受歡迎的原因。最長60秒的影片，能以橫向或正方形的格式來播放。在Instagram的廣告影片中，有哪些成功的廣告範例呢？以下讓我們來看看。

• 發揮名車俐落感的創意廣告

高級車品牌霸主賓士汽車公司的廣告行銷從來不會讓人失望，近年更積極嘗試社群平台「限時動態」的版位，製作了在Facebook和Instagram共同投放的強力廣告。運用分割直向型畫面的剪輯技術，讓觀眾感受到頂級車款魅力十足的駕駛體驗。其中充滿創意的內容，成功讓人回想起賓士C-Class敞篷車所提供的爽快駕駛感和生活型態。

賓士汽車公司的Instagram限時動態影片。

- 用吸引目光的直向影片製作有型的促銷

　　韓國休閒服飾品牌Beanpole Outdoor發布以名人製作的IG限時動態影片。5秒短影片加上全螢幕顯示的直向影片格式，用充滿魅力的手法準確擊中目標讀者的心。和過去的行銷活動相比，影片播放率增加了2倍，行動轉換率達到1.4倍。

韓國休閒服飾Beanpole Outdoor的
IG限時動態影片。

❗ Point

IG 廣告影片的創意重點

- 重視時髦、現代感、視覺感
- 避免廣告色彩太強烈
- 最小限度的文字內容
- 直向影片
- 製作出衝擊性強的影片

如何製作Twitter廣告影片

製作出有「生活感」的影片

同樣是美國人發明的Twitter，雖然在台灣沒有Facebook和Instagram流行，在歐美國家卻大受歡迎，光是在日本就擁有4,500萬個用戶，主要用戶族群為10～20幾歲。因此，如果希望產品「推向國際」，Twitter廣告影片也是不可不學的技能。

所謂Twitter廣告，是指被顯示在Twitter動態時報等的廣告。廣告的目的包括「增加追蹤數」、「誘導前往外部網站」、「情報擴散」等等，資訊的新鮮度很重要。

Twitter廣告可針對用戶經常使用的關鍵字，或是特定帳戶的追隨者發布，目標不只是設定在對特定事物有興趣的族群，還可以擴及範圍更廣大的用戶，所以有更高的機會去觸及到符合企業需求的觀眾。另外，Twitter廣告的特色是十分適合用來做口碑，或是用「即時更新」來引起後續效應，擁有其他平台所沒有的擴散力。只要製作出具有衝擊性的影片，或是讓人不禁想分享給他人的影片，就會增加擴散力，廣告效果當然也會提高。

Twitter廣告影片的主要目的，是以影片播放為主的行銷活動，這個廣告影片基本上會出現在推文廣告的「促銷推文」中。出現在這裡的廣告影片，有助於提升自家公司的知名度，或是讓用戶對自家商品產生好感。

活用Twitter廣告影片的好處

在Twitter刊登付費廣告影片，一般認為有以下幾個優點：

- **擴散力驚人**

　　在各式各樣的社群媒體中，因為Twitter廣告影片的擴散力特別強，可以說是「沉默的英雄」，只要製作出充滿魅力的廣告影片，就有被無限擴散出去的可能。只要不斷被曝光，就能讓廣告被原本對該產品沒興趣的人看見，可以期待更好的廣告效果。

- **轉推影片不會被二次收費**

　　Twitter的收費比較特殊，是影片在動態時報上被100％放大顯示，至少被觀看3秒；或是使用者主動點擊影片，才會開始收費。除此之外，如果該貼文被轉貼而擴散出去，也只會收一次貼文的費用，因此跟其他平台比起來，可說是CP值更高。

- **對年輕族群特別有效**

　　以日本的狀況來說，Twitter的使用族群以10～20幾歲為大宗，幾乎占了使用者的半數，因此針對年輕族群的商品或服務最有效果。

如何開設Twitter廣告帳戶

　　想要在Twitter推出廣告，就必須開設Twitter廣告帳戶，而想要擁有Twitter廣告帳戶的開設，必須先持續使用普通Twitter帳號數週以上。一邊發文、和其他的用戶交流，一邊等待可投放廣告的狀態到來。如果是已經有在使用Twitter的人，就能直接開設Twitter廣告帳戶。另外，如果想要廣告被看見，就要讓自己的帳戶狀態設定成公開的狀態，否則就無法投放廣告。

廣告影片的設定方法

　　Twitter的廣告影片會出現在促銷推文中，這個影片有兩種設定方法：

第一個，是把現有的影片發文當成促銷推文來發布。在過去的影片中選出反應比較好的發文，當成廣告影片來播放。播放時間必須控制在140秒以內。

第二個，是把影片上傳到廣告帳戶，當成促銷影片來發布。這個方法，除了地域、性別等基本屬性之外，還可以從興趣、嗜好、搜尋關鍵字、類似用戶以及追蹤者等來設定目標定位。影片規格請設定為橫向9：16的畫面，播放時間必須在10分鐘以內，但因為Twitter

日本麥當勞在Twitter上的促銷影片，吸引了677萬人觀看。

是以時間順序來排列的社群網站，影片內容的即時性非常重要，請把目標放在短又有衝擊力的影片內容吧。

例如，日本麥當勞在夏季限定的漢堡行銷活動中，在Twitter上發布了一支促銷影片，吸引了677萬人觀看，大大提高了銷售量。

由於Twitter主要是讓擁有共同喜好、想要談論特定流行話題的用戶互相取得聯繫的平台，所以不建議電視廣告那樣宣傳色彩那麼明顯的文案，更適合像在跟朋友說話般的語氣。例如，「給有○○煩惱的你！答案就是○○喔」，像是跟親近的人說話一般，**使用可以喚起共鳴感的問話或字彙**。

Twitter動態消息上的文字訊息量很多，畫面被洗到下方的速度也比其他社群網站快，所以要用**辨視度高的影片**。因此，影片長度要盡可能縮短，目標是在剛開始的2秒左右就能有抓住人心的吸睛表現。如果有想讓人記住的形象色彩，也要在一開始就使用。此外，為了讓人立刻理解是什麼產品的廣告，要加深用戶對品牌或商品名稱的印象，當做台詞輔助的字幕也要確實置入。影片的標題要盡量簡潔，因為如果標題過長的話，在有些手機會無法完整顯示出來，想傳達的重要部分有可能會被截斷，所以標題愈簡短愈好。

　　關於收費，Twitter只會在最初的廣告推文頁面收費，轉推文的二次擴散就會變成免費。因此，只要製作出受歡迎、讓用戶想主動與人分享的廣告影片，成效就會變高，這也是Twitter廣告影片比其他社群平台更具優勢的地方。

Twitter廣告的費用與收費型態

　　Twitter廣告影片的費用與收費型態，如圖7-13所示。

收費方法	內容
影片播放時（CPV＝Cost per View每次觀看成本）	影片畫面大小顯示50％以上的狀態下，被觀看2秒以上時；或是用戶主動將影片擴大顯示、解除靜音操作時會收費。
3秒／100％顯示播放時（CPV）	影片的畫面全體被顯示的狀態下，被觀看2秒以上時；或是用戶主動將影片擴大顯示、解除靜音操作時會收費。
只在用戶觀看影片時會收費	用金額（單價）從0.01美元開始的競價方式來決定收費。

圖 7-13　Twitter廣告影片的收費方法。

投放Twitter廣告之前要確認的事

　　前面有提到，在Twitter投放廣告影片時，有用現有貼文發布廣告，以及從廣告帳戶發布廣告這兩種方式，不管是用哪一種方式發布廣告，都要各自遵守下頁圖7-14的規範。

	現有貼文	從廣告帳戶發文
檔案格式	MP4、MOV	MP4、MOV
最大檔案尺寸	512MB	1GB
解析度	32×32px〜1900×1200px（橫向或直向皆可）	——
長寬比	1：1（推薦）、到1：191×4：5都有可能	9：16（推薦）、橫向
長度	140秒以內	10分鐘以內

圖 7-14 Twitter廣告影片的交稿規定。

▌Twitter廣告的投放步驟

Twitter的介面很簡單，任何人只要註冊帳號，都能用一般推文的方式來發布廣告。以下要介紹的是，如何使用廣告管理帳戶上傳影片素材，對精準的目標對象投放廣告的方法。

① 點擊Twitter帳戶左方欄位的 […更多]。

② 從彈出的功能表項目裡點擊 [Twitter廣告]。

③ 首先要設定國家地區和時區，由於選項裡面沒有台灣，請選擇想要計費的國家／地區，例如想要以美金計費，就選擇United States（美國），點擊[讓我們開始吧]。

④ 在行銷活動目標頁面裡，選擇 [串流內影片觀看（前置廣告）]。

(5) 輸入行銷活動名稱 (❶)、撥款來源 (❷)、每日預算 (❸)，必要的話，可設定
總預算 (❹)、輸入開始播放廣告與結束播放的日期 (❺)，然後點擊右上角的
[下一步] (❻)。

(6) 輸入廣告群組名稱 (❶)，其他選項使用預設選項即可。拉到頁面下方後，
在 [版位] 選擇品牌類別 (最多可選擇2個和自家品牌最相近的分類) (❷)。
點擊 [下一步] (❸)。

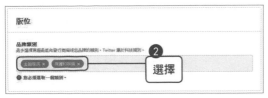

⑦ 輸入廣告受眾的特性，設定目標對象 (❶)。點擊 [下一步] (❷)。

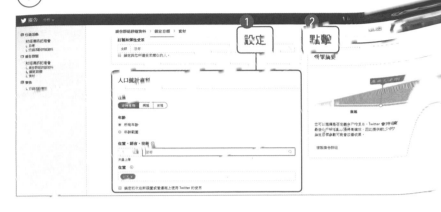

⑧ 設定廣告受眾的特徵，也就是看到廣告後會採取的行動 (❶)。Twitter會自動優化目標受眾，為了能得到高成效，輸入大範圍的目標即可。點擊 [下一步] (❷)。

⑨ 建立新的廣告影片項目，點擊 [媒體庫]。

⑩ 點擊 [上傳媒體] (❶) 後，即可把儲存在電腦裡的影片上傳到資料庫。最新
上傳的影片會出現在最左側，點擊 [🖉] (❷)。

(11) 輸入推文內容(❶)，拉到頁面下方後，訂定廣告影片的標題與文字描述 (❷)。
點擊 [推文] 後 (❸)，推文就會被公開。

❶ 輸入

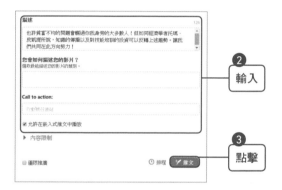

❷ 輸入

❸ 點擊

(12) 回到發布廣告的頁面，點擊 [下一步] (❶)。

❶ 點擊

(13) 確認行銷活動的詳細資料和廣告群組的內容後，點擊 [啟動行銷活動]，就會開始發布廣告。

Twitter廣告的成功範例

　　在Twitter的廣告影片中，有哪些成功的廣告範例呢？就讓我們來看看以下幾個商品的例子。

• 用影片展現商品魅力

　　日本「花丸烏龍麵」是一家日本道地的讚岐烏龍麵連鎖店，官方Twitter上主要是刊登折價券或商品照片，目的是要引起用戶的食慾，每一則推文都花費了很大的工夫。在這些推文中，偶爾也會刊登商品的廣告影片。

　　每天在午餐或晚餐時段之前，在動態時報上傳一部美味的烏龍麵影片，只要內容夠吸引人，就會讓人湧起「好想吃吃看」的念頭。只要自家商店擁

241

有讓人自豪的商品，用簡單的廣
告傳達商品魅力，就能成功吸引
觀眾的注意。

• **用影片展示商品使用方法**

　　另一個例子，來自日本風
格文具品牌「MARK'S」的官方
Twitter，這家公司只要推出新商
品，就會配合主題發布廣告推文。

　　例如，在一則以「旅行」為
主題的推文中，用影片展示了把
照片、伴手禮、手繪圖案等可愛
物品匯整起來的旅行手帳。此
外，也有以「育兒」為主題，把
孩子每天的成長紀錄整理在手帳
裡的範例影片。

　　像這樣，把自家公司的商
品，依據不同主題剪輯成影片，
再搭配推文中的文字解說，對於
顧客而言，不但能成為使用參
考，又能大大宣傳商品。

日本「花丸烏龍麵」的廣告推文。
網址 https://twitter.com/hanamaru_udon/
status/1141619562179440641

日本「MARK'S文具」的廣告推文。
網址 https://twitter.com/marks_lnc/
status/1136873117245030400

!　P o i n t

Twitter

- 用剛開始的 2 秒抓住觀眾目光
- 品牌名、商品名要在影片前段曝光
- 用形象色彩吸引目光
- 具備衝擊力
- 縮短影片的長度

Section **07**

如何製作LINE廣告影片

▌台灣最普遍的通訊軟體

　　根據統計，台灣目前約2,300萬人口，LINE在台灣的每月活躍用戶就達2100萬人，滲透率高達91.3％。從個人、企業，甚至到政府都將LINE視為重要的即時溝通管道，是受到廣泛階層支持的社群網站。

　　想要在LINE投放廣告，必須開設「LINE Ads Platform」的帳戶。企業主只要在專用的管理頁面上設定預算、刊登時間、投放對象的條件、創意素材等資訊，就能開始競標。「LINE Ads Platform」會根據競標出價結果和廣告品質分數，選擇廣告顯示給用戶，同時兼顧企業主的廣告效益及用戶瀏覽體驗。

　　LINE廣告最大的特徵，不只是壓倒性的使用者人數，而是廣告不只會出現在用戶的貼文串，LINE TODAY 、LINE BLOG以及LINE POINTS任務牆都有可能出現。另外，受眾也可依據目標年齡、興趣、嗜好等屬性來設定後，鎖定確切的目標族群。

　　但是，LINE廣告有一個缺點，那就是能做廣告的產業型態有限。基本上，不管在哪一個社群平台，有關成人情色或賭博的廣告，都不允許刊登，而LINE廣告的規範更為嚴格，例如老人照護服務、交友配對或婚姻媒合等商品或服務，都會被限制。

　　另外，廣告投放也需要花費很多時間。前面提及的網路廣告影片幾乎是當天就能發布，但是LINE廣告從投放到刊登為止的審核十分嚴格，有時候需要花上幾天的時間。

✎ Memo ▶ LINE廣告影片的投放步驟

在LINE投放廣告影片，不但對於商品或服務的審核嚴格，企業的信賴度也在評估項目內，因此刊登的基準非常高，即使願意付費刊登廣告，無法上架的可能性也不低；加上審核耗時，與其他社群平台相較之下，花費的金額也比較多，對於中小企業來說，刊登門檻較高。針對LINE廣告投放，LINE for Business製作了從基礎到進階的詳細課程，有興趣的人，可以搜尋「LINE Ads Platform+E-learning」。

▎活用Line廣告影片的好處

在LINE刊登付費廣告影片，一般認為有以下幾個優點：

• 使用年齡層最廣泛，容易看見效果

Facebook或Instagram的用戶都是年輕人居多，但在台灣幾乎每個縣市、每個年齡層的人都有在使用LINE。因此，不管是在台灣哪個區域發布廣告，都容易看見廣告效果。

• 容易獲得新用戶

LINE的用戶數很多，幾乎是全台灣擁有智慧型手機的人都有在使用LINE。所以，在LINE刊登廣告影片，可以快速大量地觸及新的潛在客戶。

▎投放Line廣告之前要確認的事

在LINE投放廣告影片的時候，必須注意以下事項：

- LINE的廣告影片交稿規定
  - 檔案格式…「MP4」（推薦）
  - 最大檔案尺寸……100MB以內
  - 最低解析度……1080p（廣告投放時是720p）
  - 長寬比……16：9
  - 長度……最長120秒（最少5秒以上）

Line廣告的成功範例

在LINE的廣告影片中，有哪些成功的廣告範例呢？就讓我們來看看以下幾個商品的例子。

- **不知不覺就想看完的「喚起購買欲」廣告**

解謎尋寶遊戲APP「Hidden City」在LINE貼文串裡發布廣告，用報紙版面的創意來引起讀者興趣。影片裡可以看到實際玩遊戲的片段，讀者因為想知道結果，會不知不覺看完影片，影片最後會導入立即下載應用程式的連結。

解謎尋寶遊戲「Hidden City」的LINE廣告範例。

- **讓想要變成需要的「解決煩惱型」廣告**

亞洲女性影音平台Ｃ ＣＨＡＮＮＥＬ擁有官方網站和ＡＰＰ「Ｃ ＣＨＡＮＮＥＬ」，每天發布化妝或髮型設計等優質影音內容，但同時也會在

LINE發布「每天1分鐘」的摘要影片。

「每天1分鐘」影片把女性最想知道的主題、平日最在意的妝髮煩惱或生活小點子等，簡單匯整成60秒就能看完的簡短影片，因為大家每天幾乎都會打開LINE，在與朋友聊天的空檔就能輕鬆看完。

如果想把本來就已經使用在網站的廣告影片再利用，LINE是一個非常適合的平台。

亞洲女性影音平台C CHANNEL的LINE廣告範例。

> **! Point**
>
> **LINE 廣告影片的創意重點**
>
> - 用戶不會立即發現是廣告，所以即使是簡單的廣告，也會得到熱烈的反應
> - 要避免廣告色彩明顯的表現手法
> - 基本上是個人之間的交流工具，因此最好使用「像在對朋友說話的語氣」

> Chapter **8**

如何改善
影片的宣傳效果

如何確認刊登中的廣告影片效果如何？顧客是否買單？粉絲是否
持續增加？畢竟是花錢製作的廣告，當然需要追蹤成果，才能了
解今後製作的影片要如何改善。你或許會覺得，自己又不是統計
學專家，很難看懂這些後台數據。不過，請不要想得太困難，在
本章就要告訴你如何檢視廣告影片的成效，再進一步檢討與改善
的方法。

Section 01
如何優化廣告影片效果

▌ 所謂「優化廣告影片」是什麼？

　　成功在社群媒體刊登廣告影片並不是終點，而是個起點。觀察業績是否有所提升來檢查影片成效，進而改善影片的製作方向，持續優化廣告影片成效是很重要的。

　　如何「優化」廣告？首先要決定目的、設定KPI（Key Performance Indicators，關鍵績效指標）、使用解析工具、進行效果驗證，目標是得到讓行銷活動效果更提高的有用資訊。從所得到的資訊中，重新檢視廣告影片的創意，之後投入更優質的廣告影片，用更好的廣告繼續推廣下去。

　　剛開始接觸廣告行銷的人，或許對「優化」這個字眼感到陌生。這個字彙在行銷技巧上包含了各種層面的概念，為了讓辛苦製作出的廣告影片達到最好的效果，請好好學習這個方法。

▌ 測定宣傳效果的KPI

　　廣告影片發布到社群媒體後，要繼續觀察效果測定。累積成功範例、分析失敗範例，找到改善的方法並不斷嘗試，如此持續努力是很重要的。因此，想要有一個可以遵循的目標，最不可或缺的就是前面提到的「KPI」。KPI是管理工作成效的重要指標，是一項數據化的管理工具，有助於達成中程目標。

　　第一次嘗試投放廣告影片的商店或是中小企業，或許會覺得這個行銷理論有點難，但本書一開始就不斷強調，製作影片一定要有確切「目的」，而KPI就是讓這個「目的」轉換成數據的重要工具。

從目的來決定KPI

在決定KPI的時候，廣告影片大致可舉出以下三種目的。第一個目的，想讓人知道該商品或服務的存在，也就是「認知」，因此KPI是「播放次數」或「曝光次數」；第二個目的，想知道用戶對該商品或服務抱有多大興趣，有沒有到願意購買的程度，也就是「檢討」，因此KPI是「播放時間」或「看完廣告」；第三個目的，想知道用戶的行動到什麼程度，也就是「行動促進」，因此KPI是「點擊次數」或「詢問次數」。根據其目的與不同的KPI，整理如下方的圖8-1：

目的	KPI	內容
認知	播放次數	影片的播放次數、被點擊播放了幾次
	單獨播放次數	觀看廣告影片的人數
	曝光次數	廣告影片被顯示的次數
檢討	收視率	播放次數除以點閱數所得到的數字
	播放率	用戶的總播放（觀看）時間除以影片長度時間所得到的數字
	完整播放率	用戶完整看完影片的次數除以連結次數所得到的數字
行動促進	點擊次數	廣告影片被點擊的次數
	詢問次數	廣告發布後接到詢問的次數
	業績	廣告發布後的業績表現或業績提升率

圖 8-1 每個目的與KPI的對照表。

從具體的期間和數據來決定KPI

KPI的作用，相對於最終「目的地」來說，就像是「路標」一樣的存在。剛開始可能無法取得數據，等影片上傳一段時間後，觀察這段期間所得的數據，就能以此為基準設定KPI。例如，如果目的是從這個數據出現的三個月後，藉由發布廣告影片來提升30％業績的話，那麼為了要實現「提高30％」的目的，考量要做哪些行銷活動，這就是設定KPI的目的。

設定KPI，要訂出具體的期間和數據，像是「和上週相比，每個項目都提高了2％」或是「點擊次數比上週增加了一倍」等等。因此，「目的是每一週都要比上一週增加2％，必須做什麼？」像這樣訂立目標，才能看清楚應該要採取什麼行動。KPI是針對「目的」的指標，也成為要採取什麼行動的契機。如此執行下去，就能開始持續性地改善業績。

按讚數、留言數與目標定位等設定也要優化

如果是社群網站，也可以從按**「讚」或留言次數**來確認行銷效果。剛開始或許會以「播放次數」為指標來確認成效，但根據不同的目標對象、日期與時間的設定，相關數據也會跟著有所變化，所以徹底研究以上設定與行銷效果之間的關聯，就能不斷改進下一部廣告影片的製作內容或行銷活動。

善用解析工具

每個社群平台都有後台管理員，可以確認點擊率與廣告成效洞察報告（具備分析功能）。在YouTube是利用「Google廣告」，Facebook、Instagram和Twitter都可以進入「廣告管理員」查看數據。

以上這些數據分析工具都是免費的，不需要高超的電腦能力，多使用幾次就能上手，不用過於緊張。如果對操作或步驟有任何疑問，各社群網站都有服務中心可以提供線上解答，請多加利用。

改善廣告影片的創意

如果行銷成效不佳，需要修改廣告影片的製作方向，具體上該怎麼修改呢？現在的廣告影片首重創意，請參考以下的建議，也許有助於大幅改善點擊率或降低行銷活動費用。

■檢視影片而找出改善點

一邊參考解析工具的數據，一邊試著重新檢視廣告影片的創意，就能找到明確的改善點。把自己當做一般觀眾，就能找出衝擊力不足或觀眾流失的原因，請養成隨著數字觀察影片成效的習慣吧！

■短短數秒又能給人留下印象

一般而言，長度越短的廣告，效果越好；用30秒就能說明的內容，就不要做成1分鐘的影片。想讓觀眾印象深刻，首要工夫是精簡影片內容。

■寫出讓人琅琅上口的文案

有些文案出現的時機讓人過目即忘，有些文案卻讓人琅琅上口、印象深刻。該使用什麼樣的文案、要在什麼時間點出現、要放在畫面上的什麼位置，都需要再三思考。只是調整一點點文案，也有改變用戶行動、提高廣告效果的可能性。

■讓影片隨時保持話題新鮮度

相同的廣告，如果看了好幾次，觀眾也會膩的。為了經常保持新鮮度，請一口氣準備2～3種的廣告影片來發布吧。這個做法，也可以確認哪一個廣告影片的成效較高，以協助改善。

| 檢視影片
而找出改善點 | 短短數秒又能
給人留下印象 | 寫出讓人琅琅上口
的文案 | 讓影片隨時
保持話題新鮮度 |

圖 8-2 改善廣告影片創意的4個重點。

優化YouTube廣告效果的方法

▌優化YouTube廣告時應該注意的重點

在優化YouTube的廣告影片時應該注意的重點，有以下3個：

①開始優化的時機
②提升收視率
③達到「單次收視出價」目標的訣竅

讓我們來看看關於各個重點的詳細說明。

▌①開始優化的時機

如果剛開始刊登廣告影片，請至少等兩週之後再開始進行優化。這是為什麼呢？因為在進行廣告活動優化之前，必須要有足夠的數據分析、帳戶內的變更、創意的更新等，和成果改善的相關資訊。為了要收集到足夠的資料量，至少要經過兩週以上。

▌優化對象是「收視率」和「單次收視出價」

要在Google廣告頁面檢視YouTube的廣告效果前，請先看懂收視率和單次收視出價這兩個關鍵指標。因為這些數據會顯示影片的廣告健全性，所以正確理解這些數據所代表的意義，才能進行廣告成效優化。

- 收視率

    觀看廣告影片（30秒以上～觀看到最後）的人數除以廣告曝光次數（廣告影片和縮圖的顯示次數）後得出的比率。

- 平均單次收視出價（CPV，Cost Per View）

    平均廣告被觀看一次所消耗的費用，又稱為「每次觀看成本」（**註**）。

註：觀眾看廣告影片達30秒以上或看到最後，或是與你的影片有互動（兩者取其先），才會被計入次數。

▌②提升收視率

    收視率是了解廣告影片成果的重要指標。想知道自家企業YouTube廣告影片的收視率，可以檢查**Google廣告頁面上的「廣告活動收視率」**。在這裡可以看到每一部廣告的最新收視率，如果收視率不佳，就要尋找如何讓數據提高的改善方法。當然，收視率越高，就會被系統判斷為「受歡迎的」廣告影片，除了在出價上會變得比較有利，也能在更多地方發布廣告。

    收視率高的話，就能用較少的費用來增加收視次數。剛開始當然會對這些數據沒有概念，不清楚收視率到底算是高還是低。請在大約兩週後左右，再回過頭來檢視這個數字，從能改善的地方開始著手修改吧！

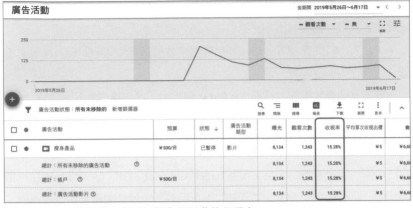

可以從Google廣告頁面查看每個廣告活動的收視率。

改善廣告影片

　　如果發現廣告影片的成效不佳，只要稍微做點改善，可能就會提高收視率，進而降低廣告費用。具體改善的方法，請參考以下建議：

• 觀察「觀眾續看率」

　　打開Google廣告的「影片」，點擊廣告活動名稱後，就會顯示「觀眾續看率」。從這個圖表可以看出觀眾「對影片的哪個部分最有興趣」、「從影片的幾分幾秒開始流失觀眾」等訊息。例如在右邊的圖表中，影片剛播放的時候，女性開始談話的階段仍維持著高續看率，但說明內容的字幕登場時，觀眾就會快速流失。

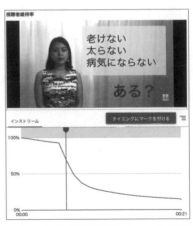

逐步下滑的「觀眾續看率」，代表觀眾對影片內容逐漸失去興趣。

Chapter

1
2
3
4
5
6
7
8
如何改善影片的宣傳效果

藉由觀察觀眾續看率圖表的曲線分布，了解影片中觀眾最感興趣和最不感興趣的片段，試著做出相應的修改，例如讓畫面上女性持續談話、或是修正字幕出現的時間點等等，可以利用剪輯來改變觀眾流失的狀況。請跟著數據，改善你的影片成效。

關於其他改善重點，請參考第251頁解說的「改善廣告影片的創意」。

設定目標客群

所謂「目標客群」，英文稱為Target Audience，簡稱TA。這是指在行銷用語中，將來很可能會成為購買者的潛在顧客，也就是廣告影片要投遞的主要對象，在YouTube中則是稱為「廣告受眾」。用對方法設定正確的目標客群，就能把握關鍵時刻向廣告受眾播放廣告。以下要告訴你如何根據觀眾的身分、感興趣的事物以及觀看的內容來接觸某個分眾或特定目標對象。

■重新設定關鍵字

請在Google廣告觀察自己所設定的關鍵字，根據「曝光次數」、「觀看次數」和「收視率」等數據，就能了解關鍵字是否有效。在下一頁的圖片裡，是一家日本保健食品公司的廣告曝光數據，最後幾行的關鍵字「超級食物」和「人生100年時代」等，觀看次數都是10次以下；相對的，「癌症」此一關鍵字，曝光次數則多達5,938次，遙遙領先其他關鍵字。

試著把全部關鍵字看了一遍後，可推測出比起單純的「物品」，觀眾對「發生什麼事」之後的解決方法更有興趣。也就是說，關鍵字要設定讓人會「產生改變」的事件，用這個方向來思考比較好。在檢討數據資料時，請試著和拍攝影片時一樣，用「拉近、拉遠」的各種視角來檢視。

關鍵字	廣告群組	狀態	費用	轉換次數	廣告活動類型	↓ 曝光	觀看次數	收視率
癌症	「モリンガ」がん、糖尿病、高血壓、肥滿を抑える 1日1さじのスーパーフード	有效	0.00	¥0	動畫	5,938	885	14.90%
糖尿病	「モリンガ」がん、糖尿病、高血壓、肥滿を抑える 1日1さじのス	有效	0.00	¥0	動畫	254	51	20.08%
高血壓	「モリンガ」がん、糖尿病、高血壓、肥滿を抑える 1日1さじのスーパーフード	有效	0.00	¥0	動畫	165	26	15.76%
肥胖	「モリンガ」がん、糖尿病、高血壓、肥滿を抑える 1日1さじのス	有效	0.00	¥0	動畫	148	25	16.89%
不變胖	「モリンガ」がん、糖尿病、高血壓、肥滿を抑える 1日1さじのス	有效	0.00	¥0	動畫	77	13	16.88%
癌細胞	「モリンガ」がん、糖尿病、高血壓、肥滿を抑える 1日1さじのス	有效	0.00	¥0	動畫	73	10	13.70%
超級食物	「モリンガ」がん、糖尿病、高血壓、肥滿を抑える 1日1さじのスーパーフード	有效	0.00	¥0	動畫	29	4	13.79%
人生100年時代	「モリンガ」がん、糖尿病、高血壓、肥滿を抑える 1日1さじのス	有效	0.00	¥0	動畫	20	0	0.00%

設定關鍵字時，要經常檢視數據來觀察是否具有成效。

■重新設定廣告受眾

幾乎所有社群平台都可以自訂廣告受眾，篩選用戶的消費傾向、興趣嗜好、婚姻狀況或喜愛的食物等各種屬性。在檢討階段也請將沒有反應的廣告受眾刪除，試著設定其他可能會有反應的目標對象吧。你期望的客群未必真的會對此產品感興趣，因此請一邊觀察市場反應、一邊持續調整，才能具體改善業績。

■檢查用戶屬性後進行調整

觀察用戶的年齡、性別、收入、家庭狀況、有沒有小孩等等，並隨時進行調整。

■從指定主題選擇相關內容

如果你有特定的目標對象，你的客戶可能也會對特定的主題感興趣。例如你的產品是單車，你的客戶群也可能喜歡遠足和露營，因此可以選擇「遠足和露營」這個副主題。決定好具體目標對象時，請試著活用看看此功能。

■選對廣告刊登位置讓影片擴散

　　所謂廣告刊登位置，是指在多媒體廣告聯播網上可曝光廣告的地方，可以使用自動設定，也可以手動自選刊登位置。如果是自行指定，可根據目標對象屬性，選擇網站上的特定幾個版位，或單一網頁上的個別廣告單元。在Google廣告頁面裡，只要檢閱「總覽」，就能掌握自家企業每一部廣告影片的狀況。這麼簡單就能觀察廣告的版位設定，所以請在一開始就檢閱看看。

　　所謂的「多媒體廣告聯播網」，是由兩百多萬個與 Google 廣告合作放送廣告的網站、影片和應用程式所組成的。透過多媒體廣告聯播網，可對世界上90％以上的網際網路用戶曝光廣告。

③達到「單次收視出價」目標的訣竅

　　在Google廣告檢閱平均單次收視出價後，就會了解目前的單次出價，這是廣告每被收看一次，你所需要支付的平均價格。這個金額雖然會因為一些因素而變動，但出價戰略的變更、提高目標對象的精準度，或是改善廣告影片內容等等，才能提高收視率並降低單次收視出價。廣告總花費與單次收視出價之間息息相關，只要追蹤和調整單次收視出價，就能更有效地傳達訊息，把預算做最大限度的活用。

　　如果想要提高收視率並降低單次收視出價，以下列舉三個要點：

■調整出價金額

　　「出價金額」和「單次收視出價」直接相關，而你所訂定的出價金額已是「上限」，因此你所支付的單次收視出價，絕對不會超過出價金額。所謂「調整出價金額」不是單純調高出價，而是為你要購買的收視次數設定真正的價值。

　　例如，某一個單次點擊出價上限設定為台幣30元的廣告活動，觀測後台數據後發現，行動裝置的刊登比電腦版的結果更好，為了向更多的行動裝置

用戶曝光廣告，把刊登在用行動裝置搜尋時的廣告出價金額提高20％，最後的出價金額為台幣35元。這樣一來，就能向更多用戶曝光廣告。

　　像這樣，以真實情況為基礎，因應用戶進行搜尋的地點、時間、方法，來調整廣告曝光的頻率，就能把單次出價調整到最佳狀態。

■考慮擴大目標客群

　　這是另一個意義上的目標定位。如果限制目標對象，就會讓競爭者增加，單次收視出價也會變高，除非你的出價金額很高，否則你會無法贏得競價，廣告預算也無法用完。此時建議把目標對象擴大，找出更有利的廣告受眾來發布廣告，就能用較低的價格吸引到具價值的目標對象，進而找到新的潛在顧客。請記住，TrueView串流內廣告類型的影片，只有在用戶主動觀看廣告時才會產生費用，

■改善廣告影片

　　由於競價系統會根據目標對象的收視狀況來評估價格，如果廣告的品質高，收視率就會上升；收視率上升，廣告單次收視出價就會下降。所以，在出價上，越受歡迎的廣告，價格就越優惠。

廣告內容全體優化

　　廣告可以說是品牌的一部分，包括自家公司網站、YouTube頻道的入口網頁以及其他社群平台的全體廣告活動，每個廣告都不可能單獨存在。為了讓用戶了解這些廣告都是出自同一個品牌，**請讓所有廣告具有一致性，來統一自家企業的品牌形象和視覺效果**。

畫面上的透明帶狀文字列就是CTA的一種形式。

另外，在廣告中間或最後，可加入讓人容易了解內容的**CTA（行動呼籲）重疊廣告**，做為引導消費者購買的第一步。CTA是英文「Call To Action」的簡稱，中文通常翻譯為「行動呼籲」或「召喚行動」，CTA 通常是一張圖片、一個按鈕，或是一段文字，主要是希望透過「呼籲」，使觀看影片的人能夠有所「行動」。例如在廣告最後將文字重疊顯示在畫面上，能誘導顧客點擊連結，前往自家公司網站。

▍使用智慧型手機來管理YouTube影片

YouTube Studio是專為YouTube創作者設計的應用程式，可讓頻道管理工作更加便捷。可以在智慧型手機上編輯影片標題、說明文字、標記，也能夠確認數據分析與收益狀況。除此之外，還可以查看最新的統計情報、回覆留言、新增或更換影片的縮圖圖像或帳號的頭像照片等等。即使出門在外，也能用手機隨時隨地管理YouTube頻道。

在智慧型手機使用「YouTube Studio」APP，方便管理YouTube影片。

Section **03**

優化Facebook廣告效果的方法

▎用廣告管理員身分審查FB廣告

在Facebook上刊登廣告的話，可以用 <mark>廣告管理員</mark> 來檢視關於廣告成效的洞察報告（分析功能）。有「看到廣告的人數」、「點擊廣告的人數」、「廣告刊登費用」等資料，從中了解實際成效。

在首頁畫面的帳號總覽，可用圖表來確認廣告的放送狀況，能以「行銷活動」、「廣告組合」、「廣告」的順序了解分析數據。如果連結點擊次數很少的話，就要考慮增加「行動呼籲」的設定，或是強化影片前幾秒的導入部分，讓內容更吸睛。根據時間經過而產生的數據變化，從影片、預算到目標受眾等可能都需要調整，請根據最新的數據資訊來改善廣告成效。

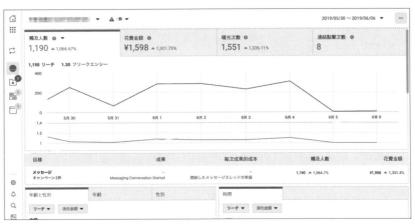

Facebook廣告管理員頁面的數據分析。

比起短暫的效果，目標要放在持續性的改善

在Facebook投放新的廣告影片時，因為系統會從該商品、服務或Facebook粉絲專頁相關性高的人優先發布，所以能得到不錯的成效；但是，這個效果會慢慢走下坡。因此，除了要一邊檢視現有廣告需要改善的部分，也要一邊預先準備好新的廣告影片。除此之外，觀察好的時間點再貼文，**才能帶動持續性的改善**。

如果有餘裕的話，最好多投放幾個可做比較的版本，進行「A/B測試」。「A/B測試」是一種簡易的檢測方法，幫助你得知更換廣告設計，是否會帶來更好的效果。舉例來說，你有兩種不同圖片和文案設計的廣告，那麼你可以將廣告分成「實驗組」和「對照組」，實際測試兩種不同廣告類型的廣告成效，才會知道消費者會對哪一種廣告採取行動。最重要的是，不要追求短暫性的反應，而是要讓有持續性反應的人成為粉絲，逐步達成企業投放廣告的目的。

Facebook廣告管理員頁面的內容顯示。

FB廣告的新指標「廣告相關性問題診斷」

廣告，如果是與自己切身相關的事物才會被喜歡，對購買廣告的企業主來說，當然希望能向相關度高的人投遞廣告，就能獲得更好的效果。Facebook正是根據「相關性」來投放廣告的，相關性越高的廣告，所需要支付的成本就越低，廣告成效當然較高，所以使用者和發布者雙方會產生雙贏的局面。

　　因此，Facebook發明了一個更實用的新指標，在廣告管理員中新增了「**廣告相關性問題診斷**」功能。在廣告相關性問題診斷中，可診斷投遞的廣告和觸及人口的相關性。在廣告還沒達成目的的情況下，使用廣告相關性問題診斷，可以了解在經過調整設定後，成效是否得到改善。

　　在診斷功能中，可選擇過去任意一段期間做檢視，系統能評價在這段期間各個廣告的成效。診斷項目如圖8-3所示。

指標名稱	說明
品質排名	將你的廣告與相同廣告比較後，你的廣告所獲得的品質觀感排名
互動率排名	• 將你的廣告與相同廣告比較後，你的廣告所獲得的預期互動率排名 • 所謂互動，包括點擊、按讚、留言、分享
轉換率排名	• 將你的廣告與相同廣告比較後，你的廣告所獲得的轉換率或點擊率排名 • 所謂轉換，是指引導購買的廣告行動呼籲，或是點擊的動作

圖 8-3　廣告相關性問題診斷的診斷項目。

　　廣告需要曝光500次以上才會產生「廣告相關性問題診斷」的數據，此數據能幫助你診斷刊登的廣告是否觸及受眾，並且可以一次從各種觀點檢視診斷結果，有助於調整廣告內容、受眾目標設定、點擊廣告後的體驗等等。

　　Facebook廣告管理員的介面不斷在改版中，每一次修改的目的都是希望讓使用者的操作更為方便。請每天觀察新指標並善用這些功能，一定會讓你的廣告策略更為成功。

Section **04**

優化IG廣告效果的方法

▎IG廣告的效果指標

　　IG廣告的效果指標，和Facebook廣告一樣，會在 <mark>廣告管理員</mark> 的頁面裡顯示。因為使用和Facebook相同的分析報告工具，同樣是用設定廣告目的的「行銷活動」，檢視預算、期間、目標受眾的「廣告組合」，以及表現創意的「廣告」等3個層級來確認指標。畫面的操作皆與Facebook相同。

　　關於測定IG廣告的效果，要注意的事項有兩個。第一個是 <mark>在廣告組合中的目標受眾之中，各個屬性的反應</mark>，第二個是 <mark>每個廣告的創意評價</mark>。

▎重新檢視目標設定

　　所謂「屬性」，包括「年齡層」與「性別」等等，可以從「廣告組合」層級中檢視 <mark>不同「年齡」和「性別」的反應差異</mark>。觀察廣告在哪一類族群的點擊率高，才能確實提升廣告成效。藉由觀察目標受眾的屬性，才能發現自家商品的市場定位。

　　一般來說，Instagram多半給人「使用者是年輕女性」的印象，因此常被歸類為「比較時髦的社群媒體」，但依據實際的商品或服務，也有可能會讓不同的目標受眾有反應。這種時候，請找出相關性比較低的受眾，重新檢視目標設定。

▌檢視廣告，改善創意

接下來，請在「廣告」層級中確認<mark>影片連結的觸及率、影片的播放次數以及影片的平均播放時間</mark>。之所以要觀察這些項目，是因為這幾個數據和廣告創意的評價直接相關。所以和剛貼文時相比，如果這幾個數據都大幅減少，或是沒有什麼成長，請重新發布新的創意貼文吧！也可以同時做出幾個不同的廣告影片發布看看，測試一下效果。

▌利用篩選目標受眾，讓創意更具有魅力

一般認為，目標受眾要「<mark>剛開始廣泛，一邊看數據、一邊篩選</mark>」。例如，剛開始向廣泛年齡層的女性發布一部健康食品的廣告影片，結果是住在北部地區的女性明顯點閱率最高，反應也最熱烈，接下來就直接以年齡來篩選目標受眾，以「台北市、新北市、基隆、桃園的20幾歲女性」設定為目標受眾，結果果然超越之前的成效。

再舉另一個例子，如果有一部高爾夫球用品的廣告影片，在20幾歲女性和40幾歲男性同時出現高評價的話，就分別製作適合這兩種族群的兩部廣告，分配在不同廣告組合中來發布，也可預期會出現良好的效果。

這些都是從效果測定的結果來篩選目標受眾，進而思考出適合題材的創意範例。請試著像這樣篩選目標受眾，一邊測試廣告的創意、一邊改善，找出能宣傳店舖或公司的勝利模式吧。

另外，IG也能使用Facebook廣告管理員的「廣告相關性問題診斷」，從各種觀點診斷刊登的廣告是否觸及受眾。為了了解創意的品質、目標設定、轉換行動等成效的變化，也請積極善用這個功能。

在IG限時動態廣告中加入互動元素，已成為更吸睛的廣告新模式。在IG的限時動態上可進行「問題收集」或「票選活動貼圖」等功能，以吸引粉絲直接互動。活用這個功能，能增加廣告的趣味性，商家也能和目標受眾建構更良好的關係。因為比一般廣告更吸引人，還能延長觀看的時間，很可能會有更好的成效表現。順道一提，依據Instagram Business團隊的調查，使用票選活動貼圖的行銷活動中，有9成的活動成功增加了影片觀看時間3秒以上。

想要製作互動性限時動態廣告，必須使用Facebook的廣告管理員。在廣告的版位上只勾選Instagram限時動態，然後在上傳廣告創意及廣告文案的編輯畫面裡，勾選「新增互動式票選活動」方塊就完成了。請試著把票選活動貼圖使用在「與用戶一起打造產品」、「向群眾徵詢產品開發方面的意見」、「舉辦競賽活動」等，鼓勵用戶花更多時間與限時動態廣告互動，把廣告變成一場有趣的遊戲吧！

Section 05

優化Twitter廣告效果的方法

用廣告管理員身分審查Twitter廣告

在Twitter刊登廣告的話，可以用**廣告管理員**來檢視關於廣告成效的洞察報告（分析功能）。在這個頁面裡，為了確認行銷活動或廣告群組的實際成效，可以檢閱各種相關數據。

在已登入Twitter帳戶的狀態下，先點選「Twitter廣告」。然後，就能看到結果報告、曝光次數（廣告顯示給使用者的次數）、已使用的總金額等各種行銷活動的數據資料。只要點擊實施中的任何一個行銷活動，就能查詢到詳細數據。

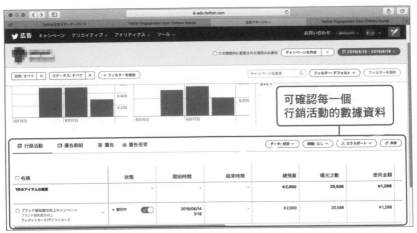

Twitter廣告管理員的網站畫面。

在下一個畫面顯示的是行銷活動中所包含的廣告群組的一覽。在這裡也能確認各個廣告群組的總預算或出價金額、曝光次數等。如果想知道更詳細的資料，請點擊各廣告群組的名稱。

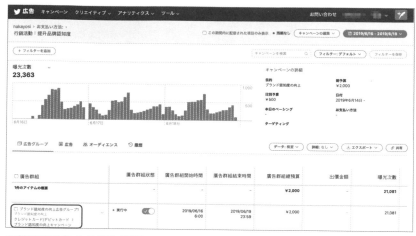

行銷活動所包含的廣告群組。

接下來，用圖表確認曝光次數、花費金額、成果、成果報酬等廣告群組的數據資料。在這個頁面，點擊畫面左上角的 [曝光次數]，選擇想查看的單一項目。

數據資料內容，和畫面下方顯示的報告項目相同。在這個階段，最應該注意的一項是「**成果報酬**」。雖然依廣告目的的不同，成效好壞會有不同的標準，但假如你的行銷目的是「誘導前往網站」，KPI（目標值）是每次點擊成本20元，點擊率如果有達到0.3～0.4％，就可說是效果不錯的點擊率，所以請以這個標準來檢視數據，重新審視成本並考量改善對策吧！

行銷活動所包含的廣告。

　　Twitter也可以透過數據來檢視目標對象的喜好與屬性。點擊左方的 [廣告受眾] ，可以用關鍵字、用戶名稱、興趣、居住地點等項目來確認資料。例如，如果選擇「關鍵字」，對於每一個目標客群定位時所設定的關鍵字，可檢閱曝光次數、花費金額、成果、成果報告。把這個數據試著依每個關鍵字來比較看看，就能找出反應較佳的客群，也可以看出需要重新檢視的目標對象。反應不佳的客群要考慮刪除，再從其他反應佳的目標對象開始找關鍵字等等，試著依照數據修正目標受眾。

根據廣告受眾的屬性檢視資料。

▎用兩個廣告群組來提升精確度

　　跟其他社群平台相比，Twitter具有轉推功能，所以能與用戶進行更多的對話，如果精準設定Twitter影片的廣告受眾，就有很大的機會改善成效，所以請好好收集目標對象的資料，也別忘了定期檢視。另外，為了能得到的更多的數據資料，請擴展多個廣告群組，執行「A/B測試」（請參考第262頁）。複製剛開始建立的廣告群組，來當作比較對象，用廣告管理員就能簡單做到。

　　要如何進行測試呢？很簡單，每次改變一個設定，就能逐漸將廣告最佳化。例如，兩個廣告群組採用相同的創意素材，但是錯開「發布日期」，就能測試出依星期幾或時段不同的曝光次數差異；另外，如果在剛開始建立的廣告是以「男性」為目標客群的話，請試著從廣告受眾的特性中選擇「女性」看看，或許會有意想不到的效果。利用相同的廣告素材，在同一個廣告群組裡比較兩個版本的廣告，就能看出使用者對兩種廣告的反應，透過廣告管理員的統計分析，在反應最好的廣告版本中擴充預算，就能更有效率地發布廣告。

致讀者

感謝您閱讀本書。

我寫這本書的目的，是想要推廣「不管是誰都能製作廣告影片」的想法，同時這也是我個人想確認的一件事。

即使是在廣告業界工作多年的企劃人員，在製作網路上的廣告影片時，也有很多人不適應。為什麼呢？這是因為還沒掌握到社群網站的性質，或是不確定在這些平台該如何表現才能被人看見。因此，就算是本身有製作電視廣告經驗的人，在著手製作廣告影片時，因為要花時間實驗、檢測數據、持續改善，因此常常會感覺到，這是一件不斷做白工的事。因此，雖然本書是針對廣告影片初學者所寫的一本書，但也對專業的企劃人員很有幫助。

這是一個用智慧型手機也能製作影片的時代，一個人也能開心做出自己想要的影片。如今全球通訊市場也進展到了5G，預計這股潮流今後將會繼續擴大。製作廣告影片可說是一種價值的創造，本書如果能解決你廣告製作的煩惱，成為行銷人員的助力，這將是我的榮幸。

最後，我要感謝協助撰寫本書的堅強後盾。提供模特兒和攝影場所的JUJUBODY負責人大山知春小姐、ADK關西分公司的影片製作人村山、奈良、岡田、本田，在燈光方面提供協助的攝影師——寫真電氣工業株式會社的ZIGEN先生，提供資訊的CINEMA DRIVE泊誠也先生，還有支持我出版這本書的松永淳子小姐，以及，對寫作很慢的我充滿耐心、不停鼓勵與指導我的翔泳社社長谷川和俊先生，謝謝大家的協助。最後，也要向在各方面支持我的朋友們，致上由衷的謝意。

2019年8月　中澤 良直

台灣廣廈 國際出版集團
Taiwan Mansion International Group

國家圖書館出版品預行編目（CIP）資料

如何在FB、YouTube、IG做出爆紅影片：會用手機就會做！日本廣
告大獎得主教你從企劃、製作到網路宣傳的最強攻略 / 中澤良直著；
胡汶廷翻譯. -- 初版. -- 新北市：財經傳訊, 2020.06
面；公分
ISBN 978-986-130-461-8（平裝）
1. 網路廣告 2. 網路行銷

497.4   109004110

財經傳訊
TIME & MONEY

如何在FB、YouTube、IG 做出爆紅影片
會用手機就會做！日本廣告大獎得主教你從企劃、製作到網路宣傳的最強攻略

作　　者／中澤良直		編輯中心編輯長／張秀環・編輯／周宜珊	
翻　　譯／胡汶廷		封面設計／何偉凱・內頁排版／菩薩蠻數位文化有限公司	
		製版・印刷・裝訂／東豪・紘億・秉成	

行企研發中心總監／陳冠蒨　　　　　　線上學習中心總監／陳冠蒨
媒體公關組／陳柔彣　　　　　　　　　數位營運組／顏佑婷
綜合業務組／何欣穎　　　　　　　　　企製開發組／江季珊、張哲剛

發　行　人／江媛珍
法律顧問／第一國際法律事務所 余淑杏律師・北辰著作權事務所 蕭雄淋律師
出　　版／財經傳訊
發　　行／台灣廣廈有聲圖書有限公司
　　　　　地址：新北市235中和區中山路二段359巷7號2樓
　　　　　電話：（886）2-2225-5777・傳真：（886）2-2225-8052

代理印務・全球總經銷／知遠文化事業有限公司
　　　　　地址：新北市222深坑區北深路三段155巷25號5樓
　　　　　電話：（886）2-2664-8800・傳真：（886）2-2664-8801
郵政劃撥／劃撥帳號：18836722
　　　　　劃撥戶名：知遠文化事業有限公司（※ 單次購書金額未滿1000元需另付郵資70元。）

■ 出版日期：2020年06月　　　　■ 初版7刷：2023年12月
ISBN：978-986-130-461-8　　　　版權所有，未經同意不得重製、轉載、翻印。